湖南省社会科学成果评审委员会重大课题"湖南乡村经济高质量发展的质量治理体系与公共政策研究"（批准号：XSP22ZDA007）阶段性成果

舌尖上的安全

肖湘雄 李雪芹 黄嫣 周梦芬 彭媛 熊菁菁 周知——著

中国财经出版传媒集团

经济科学出版社

Economic Science Press

图书在版编目（CIP）数据

舌尖上的安全/肖湘雄等著 . －－北京：经济科学
出版社，2022.5（2024.8 重印）
ISBN 978 - 7 - 5218 - 3674 - 5

Ⅰ.①舌…　Ⅱ.①肖…　Ⅲ.①食品安全 - 教材　Ⅳ.
①TS201.6

中国版本图书馆 CIP 数据核字（2022）第 082436 号

责任编辑：李　雪　袁　潋　刘　莎
责任校对：易　超
责任印制：邱　天　常　胜

舌尖上的安全

SHEJIANSHANG DE ANQUAN

肖湘雄　李雪芹　黄　嫣　周梦芬　彭　媛　熊菁菁　周　知　著
经济科学出版社出版、发行　新华书店经销
社址：北京市海淀区阜成路甲 28 号　邮编：100142
总编部电话：010 - 88191217　发行部电话：010 - 88191522
网址：www. esp. com. cn
电子邮箱：esp@ esp. com. cn
天猫网店：经济科学出版社旗舰店
网址：http://jjkxcbs. tmall. com
北京季蜂印刷有限公司印装
710 × 1000　16 开　21 印张　330000 字
2022 年 5 月第 1 版　2024 年 8 月第 3 次印刷
ISBN 978 - 7 - 5218 - 3674 - 5　定价：68.00 元
（图书出现印装问题，本社负责调换。电话：010 - 88191545）
（版权所有　侵权必究　打击盗版　举报热线：010 - 88191661
QQ：2242791300　营销中心电话：010 - 88191537
电子邮箱：dbts@ esp. com. cn）

目录
CONTENTS

第一篇 ◎ 养殖业

第二篇 ◎ 种植业

第三篇 ◎ 餐饮业

第一篇

养 殖 业

001

如何无害化处理病死畜禽？

何为病死畜禽无害化处理？

病死畜禽的无害化处理是指使用物理、化学等方法处理病死畜禽及其相关的畜禽产品，消灭病死畜禽所携带的病原体，消除病死畜禽所引发的各种危害。

为何要无害化处理病死畜禽？

病死畜禽，特别是那些患传染病和寄生虫病而死的畜禽，常常成为疫病传播、扩散的重要传染源。我们如果对病死畜禽放任不管，任由它们腐烂发臭，不及时对其做无害化处理，病死畜禽所携带的病毒细菌将会借助空气、水流到处扩散。这不仅会污染自然环境，而且容易引起人畜共患病的发生和流行，严重损害人类健康和畜禽养殖业，带来巨大的经济损失，所以我们必须要对病死畜禽进行无害化处理。另外，如果不按规范处理病死畜禽，随意丢弃、出售、屠宰、加工病死畜禽，将依照《动物防疫法》等法律法规查处。

如何无害化处理病死畜禽？

在处理病死畜禽这件事上，所有的畜禽养殖户都应该恪守道德底线、遵守法律法规，绝对不可以让那些病死畜禽流向市场，走上人们的餐桌。

所有的畜禽养殖户必须坚持不贩卖、不宰杀、不丢弃病死畜禽。我们要从源头上处理解决病死畜禽。病死畜禽无害化处理方法有很多，不同种类病死畜禽的处理方法也有所不同，下面简述几种目前常用的方法：

（一）深埋法

1. 具体操作

先根据病死畜禽的大小和多少挖至少 2 米的深坑，再在坑的底部铺上 2～5 厘米厚的石灰石或者其他固体消毒剂，然后将病死畜禽侧卧放入其中，并将被病死畜禽污染的土层、捆尸绳索一起放入坑里，然后再铺 2～5 厘米厚的固体消毒剂，最后用土将坑填平即可。

2. 特点

该方法操作较简单，所花费用较低，且不容易产生气味。但是，该方法处理病死畜禽无害化过程较为缓慢。特别是有些病原微生物生命力顽强，若不做好防渗措施，很有可能对土壤和地下水造成污染。另外需要注意，此方法不适用于患有炭疽等芽孢杆菌类疫病以及牛海绵状脑病等的病死畜禽。

（二）焚烧法

1. 具体操作

将病死畜禽堆放在足够多的燃料物上，确保其可获得最大的燃烧火焰，并且在最短的时间内完全燃烧碳化。注意，在该过程中，要尽量减少新的污染物出现，避免发生二次污染。

如果养殖户地处养殖业集中区，则可联合该区其他养殖户兴建一个病死畜禽焚化处理厂，同时建设若干个冷库在不同的服务区域，以便将病死畜禽集中存放，然后再统一由密闭的运输车辆将其运送到焚化厂，集中焚烧处理。

2. 特点

该方法可将病原体彻底消灭，安全系数较高。但是，燃烧可能会产生大量其他污染物，同时有机物如未完全燃烧，会对自然环境造成较大污染。

（三）堆肥法

这种方法是利用微生物来降解病死畜禽，并杀死其所携病原微生物。堆置方法大致可以分为频繁翻堆、静态堆肥和发酵仓堆肥三种。目前多选择静态堆肥或发酵仓堆肥处理病死畜禽。

1. 静态堆肥

该方法对设备的要求简单、成本较低，并且其产品的腐熟度较高，稳定性较好。一般情况下，码成条垛式或金字塔形。条垛式每隔 3~7 天翻堆一次，金字塔形每隔 3~5 个月翻堆一次。注意，绝不可以频繁翻堆，否则，很可能会使尸体所携的病原微生物扩散，污染翻堆设备，甚至感染翻堆人员。另外，频繁翻堆会扰乱动物尸体周围菌群，干扰到动物组织降解。

2. 发酵仓堆肥

发酵仓式系统占地面积小，生物安全性好，且不易受天气条件影响，可以很好地控制堆肥过程中温度、通风、水分含量等因素，因此堆肥效率和产品质量都较高。但是，由于该方法所用设备容纳量较小，故不适用于牛、马等大型动物，只适用于小型染疫动物尸体的处理。

（四）化尸窖法

1. 具体操作

按照《畜禽养殖业污染防治技术规范》要求，先挖一个适当大小的坑，再采用砖和混凝土结构垒成一个密封池，即化尸窖。将病死畜禽沉积于适量容积的化尸窖中，让尸体自然腐烂降解。

注意，如果化尸窖的内容物达到其容积的3/4，即应立即封闭化尸窖，停止使用。另外，化尸窖绝对不能重复使用。

2. 特点

该方法操作简便，设施建造简单，成本低，且设施密闭，气味不易外散，安全隐患低，污染少。但受季节变换、温度影响较大。

（图：房德松）

002

如何有效控制动物源性食品中的激素残留？

动物源性食品中激素的来源

动物源性食品包括可食用的动物组织及其高附加值的附属产物，是日常膳食的重要组成部分。为了缩短饲养动物的生长和繁殖周期、提高饲料转化率、改善动物源性食品性状以及降低成本，多种人工激素在饲料中被无节制地使用，虽然动物源性食品产量大增，但是严重的激素残留问题直接影响着人类的安全。特别是目前使用最多的性激素，对人类健康危害极大，控制和禁止激素在养殖业中使用的相关法律法规建设已引起社会各方面的关注。

动物源性食品中激素残留的危害

激素残留对人体的危害主要是引起人体生长发育和代谢的紊乱。特别是类固醇类和β-兴奋剂类在体内不易被代谢破坏，其残留对人体健康威胁很大，高激素残留对儿童的生长发育极为不利，会促使少儿早熟，也会诱发女性的卵巢癌和乳腺癌，扰乱人体内的激素平衡。

（一）影响神经系统

动物食用了含有化学激素的饲料后，这些激素会沉积在动物的肉和内脏中，人吃了含有大量激素的动物食品后，常常会出现心动过速、心慌、手颤、头晕、头痛等神经中枢中毒失控的现象。

（二）激素引发肿瘤

食品中的激素可引起乳腺癌、前列腺癌、睾丸癌、卵巢癌、甲状腺癌、附睾丸囊肿、阴道癌、精巢癌等。许多报告指出，人体内有机氯农药的蓄积量与乳腺癌发病有关，妇女体内脂肪和血清中 DDE 及多氯联苯含量高的妇女，其乳腺癌发生率高于对照组。许多其他雌激素，如二噁英、TCD、人工合成避孕药、植物雌性激素等，与生殖系统肿瘤的产生也正在研究中。

（三）影响生殖系统、性发育提前

吃激素含量高的食品可使体内雌激素增高，可能致使男性乳房女性化

发育。还易引起性发育提前，或者一些中枢神经性的性早熟等。

如何控制动物源性食品中的激素残留

（1）明确使用的目的。各类动物激素饲料添加剂各有用途，如促生长添加剂适用于幼龄畜禽，药物添加剂适用于生活环境卫生条件较差的畜禽。应根据饲养目的、饲养条件以及畜禽营养状况、生理状态、年龄、体重等情况，有目的、有针对性地选用，切不可滥用。

（2）有比较地选择品种。当前动物激素饲料添加剂生产厂家众多，品种繁杂，首先，要选择比较有知名度的生产厂家，到信誉较高的经营企业购买；其次，要有比较地选择使用，不但要比价格，更要比效果。

（3）合理、规范使用。使用时要严格按比例配比，搅拌均匀；多品种应用注意配伍禁忌，还要细心观察动物，一旦发现异常现象，立即停饲。

（4）随购随用。动物激素饲料添加剂不宜长期保存（保存期一般不超过6个月），尤其是维生素制剂，其稳定性较差，应随购随用，不可积压。

（5）交替使用抗生素添加剂，防止病原微生物产生耐药性，影响使用效果。

（6）矿物质添加剂不能和维生素添加剂混合在一起使用，以免矿物质促进维生素氧化，加速破坏维生素。

除此之外，我国应加大研发力度，开发绿色高效的新型动物饲料添加剂。例如：某生物科技有限公司开发的优生素，采用高营养配方，并以发酵中草药为载体，拒绝添加抗生素，组方科学合理，针对性添加不同发酵中草药，确保了养殖过程发病率低。许多大型养殖企业长期使用的效果表明，优生素具有促进畜禽生长，提高饲料转化率、增强动物免疫力、提高瘦肉率、改善畜禽产品品质等多种作用，对动物的综合效果十分理想，堪称"安全、有效、不污染环境"的绿色动物激素饲料。

动物激素饲料滥用造成的危害是多方面的，损失也是巨大的，为了生产出绿色安全的畜禽产品，我国必须严把饲料和饲料添加剂的质量安全关，对影响畜禽产品安全的动物激素饲料添加剂要严格限制和禁止使用。相信不久之后，我国在动物激素饲料方面的管控和监察制度也会越来越完善。

（图：房德松）

003

如何合理使用兽药？

什么是兽药？

兽药是指用于预防、治疗、诊断动物疾病或者有目的地调节动物生理机能的物质（含药物饲料添加剂），主要包括血清制品、疫苗、诊断制品、微生态制品、中药材、中成药、化学药品、抗生素、生化药品、放射性药品及外用杀虫剂、消毒剂等。通俗地讲，兽药是给动物防治和促进生长繁育的药物，在养殖领域有着广泛的应用和前景，按品种大致可归纳为以下几类：（1）一般疾病防治药；（2）传染病防治药；（3）体外寄生虫

病防治药；（4）广泛应用于动物治疗的人类疾病用药。

为什么要合理使用兽药?

（一）养殖方式规范化，但传染病仍然存在

医药科学的进步以及时代的发展，使许多危害动物的传染病基本得到了控制，但随着我国养殖业的发展，大规模集约化饲养的增多，许多养殖户采用机械化、自动化或半自动化的养殖管理方式。在这样的大环境下，传染病仍威胁着我国养殖产业的健康发展。

（二）寄生虫病造成严重经济损失

许多寄生虫病也在一定程度上威胁着畜禽的生长繁育，中国每年有几百万头牲畜死于寄生虫病，更多的牲畜是因寄生虫病妨碍了生长发育、损伤了皮毛，严重影响蛋、肉、奶、皮、毛等养殖产品的质量和产量，对我国养殖业造成了巨大经济损失。

（三）养殖产品竞争力不足

随着我国全面进入小康社会以及养殖业的进一步市场化，养殖产品的精细化也对养殖产品的质量和数量提出了更高的要求。兽药的开发和使用有益于防治疾病和促进畜禽的生长繁育从而进一步提高养殖产品的竞争力，使养殖户获益增多，进一步促进整个行业健康发展、总体产品质量的提升。

（四）兽药行业发展定型

兽药行业在经过法制化管理和多年的发展后已经形成了产业规范，成为一个成熟健康的产业。同时对兽药的认识也从发展初期的不管风险危害、只要疗效到当前高效、低毒、低残留成为普遍共识。兽药行业自身得到了进一步完善。

如何合理使用兽药?

兽药需要合理使用才能发挥自身作用,以下是一些基础的使用原则。

(一) 确定疫病的种类

当动物感染上疫病后,应做到正确判断疫病的种类,对症下药。

(二) 确定疗程

使用药物时需要有足够的疗程才能发挥出真正的药效,不能太短。

(三) 药物的用量

在治疗疾病时,药物浓度需要达到有效的浓度时才能发挥出药效。不同药物所使用的剂量不同,药理作用也不同,所以需要根据具体情况,把握药物的具体用量。

(四) 药物间的相互作用

在使用药物时,经常会使用 2 种或者 2 种以上药物,目的是提高疗效,降低或者避免出现毒性反应,防止和延缓产生耐药性。因此使用药物时应充分发挥药物的协同作用,注意配合使用禁忌。

(五) 耐药性和过敏反应

部分药物在反复使用后,动物自身或者病原体会产生耐药性。为了防止产生耐药性,在使用兽药时要按照规定严格用药,尽量做到用量充足,疗效得当;在单一药物有效时可不采取联合用药;对于病因不明的疾病,不轻易使用抗生素;避免长期使用单一药物产生耐药性。过敏反应是指动物个体在使用某种药物后出现的异常现象,因此在施用药物时,应避免给动物使用其容易产生过敏反应的药物。

（六）动物种类、年龄、性别以及个体差异

因为患病动物的种类、年龄、性别、体重都各有不同，所以在使用兽药时，应根据动物的具体情况区别对待。

（图：房德松）

004

如何避免兽药残留？

什么是兽药残留？

兽药残留是"兽药在动物源食品中的残留"的简称，是指给动物注射或口服用药后蓄积或存留于畜禽机体或产品（如鸡蛋、奶品、肉品等）中的药物原型、代谢产物或与兽药有关的杂质，主要包括抗生素类药物、激素类药物、抗病毒药物及抗寄生虫类药物等的残留。

兽药残留有哪些危害？

（一）污染环境

兽药残留长期得不到有效控制会形成一个恶性循环，畜禽使用药物后，代谢不全的兽药残留物通过粪便、尿液等排泄物排到自然环境中，可造成水源、土壤、空气的不同程度污染，进而使生态环境遭到破坏。

（二）危害人体健康

1. 过敏反应

磺胺类和一些氨基糖类药物可以使人体产生过敏反应，严重时威胁受体的生命健康，例如食入四环素或某些氨基糖甙类抗生素残留超标的动物性食品后会出现皮肤瘙痒、麻疹、发热、关节肿痛及蜂窝组织炎等各种过敏反应，严重者会出现过敏性休克，甚至危及生命健康。

2. 毒性作用

食用兽药残留超标的动物源性食品会直接或间接损害人体健康，严重者可引起中毒和致死，如抗寄生虫类兽药残留超标往往引起肝中毒，激素类兽药过量会引起急性中毒，性激素类兽药残留超标会造成儿童性早熟。

3. 三致作用

三致作用是指食用了药物残留超标的动物源性食品后可能会发生的致癌、致畸以及致突变作用，例如人食用的动物源性食品中若含有丁苯咪唑或阿苯达唑，可能会诱发人体的畸变，而雌激素或克球酚类兽药含量过多

则会导致人罹患癌症。

如何避免兽药残留？

（一）正确选购兽药

1. 选好厂家

要选择信誉高、质量好的厂家所生产的兽药。购药时为避免上当受骗，可选择在当地有一定影响，信誉可靠，又能提供技术服务的兽药经销门市部购买。

2. 认清真伪

购买药物时首先应看外包装，如兽药名称、主要成分及化学名称、药理作用、适应症、失效期、批准文号等。凡兽药外包装格式不全、不规范，无兽药批准文号或批准文号超过有效期都应视为假药。

3. 有针对性地选购兽药

目前市场上销售的各类兽药制剂都详细记载了该制剂的主要成分及化学名称与其药理作用，饲养者可以此为依据，或根据自己的临床治疗经验有针对性地选用兽药，最好在有经验的兽医指导下，选用有效且成本尽可能低的药物应用。

（二）科学使用兽药

1. 对症用药，不随意加大用量

畜禽感染疾病后，要及时请当地的专业兽医技术人员确诊病因，制订正确的治疗方案，对症用药。有些药物标有最大使用剂量，如超过这一剂量，其疗效不但降低，而且还会产生毒副作用。因此，未经医嘱，用户不可轻易改变用量。

2. 有计划地轮换用药

由于长期施药后病原微生物会产生抗药性，长期使用同一种药物药效会大幅度降低。因此，养殖户应有计划地轮换用药，并为每只畜或每批禽建立详细的病历，记录交叉用药情况。

3. 要联合用药，注意配伍禁忌

两种或两种以上药物联合使用，效果较药物单独使用要好。不少厂家对自己所生产的兽药制剂都印刷有技术手册，在技术手册上都详细记载说明了哪些药物可以联合使用。当不清楚药物是否可以联合使用时，应在有经验的兽医指导下实施，不可随意配伍用药，以免降低药效，甚至产生不良后果。

（图：房德松）

如何解决瘦肉精问题？

什么是瘦肉精？

瘦肉精是一类药物的统称，其正式名称为盐酸克伦特罗，为一种白色结晶状的粉末，主要成分是肾上腺素、β 激动剂、β - 兴奋剂，可用于治疗支气管哮喘、慢性支气管炎和肺气肿等疾病。如果将瘦肉精用于动物饲料中，可以促进猪、牛、羊等动物的生长，增加动物的重量，减少肉的脂肪含量，提高瘦肉率，使动物体型更加匀称，提高其受欢迎度，因此瘦肉精曾被用作猪、牛、羊等动物的促生长剂、饲料添加剂。

瘦肉精会带来哪些影响？

（一）对消费者的影响

对于消费者来说，食用瘦肉精对身体有极大的危害，严重者需要入院进行治疗。人体摄入含有瘦肉精的肉类后会出现恶心、头晕、乏力、呕吐、手颤抖、血压上升的症状，会引起人体心血管系统和神经系统方面的疾病，如果长期食用会导致人体代谢紊乱，引发低血钾、高血糖以及酮症酸中毒，更有甚者会出现染色体畸变的可能，以此诱发恶性肿瘤。对于有心脏病、高血压、糖尿病、心律不齐等病史的患者来说，食用含有瘦肉精成分的肉类后则更具有危险性，会提高诱发心脏病或其他肝肾疾病的发生概率。我国早在 20 世纪末，21 世纪初就已经发现了瘦肉精的危害，在临床医学中，瘦肉精中毒事件也已发生过多起。从临床案例中可以发现，对于大多数人来说，食用含有瘦肉精的肉类并不致命，但对于有特殊病史的患者来说则有致命风险，且对于部分患者甚至有落下后遗症的可能。

（二）对生产农户的影响

瘦肉精对消费者和生产农户均有影响，对于生产农户来说，一方面会影响声誉，销量下降，另一方面会被处以刑事处罚。

解决瘦肉精问题的措施有哪些？

（一）为消费者科普正确购买肉类的知识

1. 消费者应提高辨别能力

使用过瘦肉精的肉类在外观上与未使用瘦肉精的肉类是有区别的。使用了瘦肉精的猪肉颜色较深，纤维更加疏松，如果将猪肉切成二三指宽，将会变得比较软，无法立于案板之上，消费者在购买猪肉时可以通过这种方法来辨别是否含有瘦肉精。

2. 消费者可选择印有安全印章的肉类

在消费者购买肉类时要注意肉类表皮上的印章，一般盖有圆形章的肉是"放心肉"。"放心肉"从外观上看脂肪洁白，有光泽，弹性好，用手指按压皮肉产生的凹陷能立即恢复。

3. 消费者应选择正规市场购买肉类

消费者在购买肉类时应在正规市场进行购买，切忌贪便宜购买未经检测的肉类。

（二）给生产农户科普使用瘦肉精的后果及危害

1. 给农户科普相关法律知识

许多私自使用瘦肉精的农户是因为对法律认识不足，对添加瘦肉精造成的后果认识不清而进行生产的。相关法律规定，对非法添加瘦肉精的生产者会判处 5 年以下有期徒刑，情节特别严重的处 5 年以上有期徒刑。故应向农户科普相关法律知识，在明确法律后果后农户会停止瘦肉精的添加。

2. 指导农户寻找可替代瘦肉精的合法饲料

农户添加瘦肉精是因为要提高瘦肉率、改良动物体型等，可以宣传新的具有相同功效作用的饲料来进行改善，如牛羊壮大素也具有促进牛羊生长、改良体型等作用。

（三）监管部门加强监督

相关部门应对农户进行定期检查或不定期抽检，对农户形成威慑力，避免农户抱有侥幸心理。

（图：房德松）

006

如何保障家畜环境的卫生？

什么是家畜环境？

狭义的家畜环境一般指与家畜关系最为密切的生活与生产空间，以及其中可以直接或间接影响家畜健康与生产性能的各种自然的和人为的因素的总和。它涉及畜舍畜牧场、放牧地，所使用的设施、设备，所采用的生产工艺，所施加的饲养管理措施、制度，家畜自身的群体状况，以及所占空间（密度）其他生物（人、微生物）等等。也就是说，不能将家畜环境仅仅理解为畜舍的温热状况，还应包含空间内物理（温、湿、气流、气压等）、化学（有毒、有害气体及其他成分）和生物学（主要是微生物特性）以及各种人为因素的总和。

为什么家畜环境卫生很重要？

家畜环境卫生很重要，具体体现在：一方面，家畜的健康与生产都会受到环境的影响，因此要对家畜环境进行研究并改善；另一方面，家畜在生活与生产过程中所产生的粪便和生产污水以及其他废弃物会对生态环境造成污染。

家畜环境卫生对家畜的影响不言而喻，良好的家畜环境可以大大降低家畜生病以致产生损失的风险，同时还有利于家畜的健康成长，提高农户农产品的产量。但有时一味地追求家畜生理上的舒适，不顾当地的气候特点也会造成相反的结果。一律选用全封闭的、无窗舍的、可调控的环境，不仅投资大、耗能多，而且往往不能形成理想的环境，相反还会使空气污浊、阳光缺乏，导致空气环境质量恶化，反而对家畜的健康产生不良影响。同时，由于家畜的活动、行为习性以及心理与生理均受到限制和压抑，不可避免地会导致体质下降，免疫力和抵抗力降低及行为异常。

虽然家畜饲养过程中产生的排泄物和生活污水是一大隐患，但从另一种角度思考就可以成为"财富"。农户可以对家畜环境进行适当的改造，将家畜产生的排泄物进行收集加工，从而得到天然的有机肥料。

如何保障家畜环境的卫生？

（一）合理选址

科学选址，保证养殖环境相对独立，与生活饮用水源地、动物屠宰加工场所、动物和动物产品集贸市场保持适当的距离；对于畜禽场、动物诊疗场所以及动物隔离场所也要保持一定的距离；尽量远离动物隔离场所、无害化处理场所。

（二）养殖规范化

养殖场建设应遵循标准化、设施化的要求，实现封闭式饲养。这就要求养殖场内要有严格的功能分区和布局：相对独立的生活区和生产区；生产区入口设消毒设施，内设兽医室、消毒室、更衣室、消防及消毒通道、引种隔离区、病畜隔离区、养殖区（种畜舍、育成舍、育肥舍）、无害化处理区（与生产区间隔 50 米）。区与区、舍与舍之间要设有隔离带，实现净污分离、雨污分离、粪便干湿分离，粪肥还林还地。要确保舍内空气流通无异味，温度适宜，且场内还要设立必要的运动场所。对于野生特种养殖还要建立放牧场地，使动物的生活接近自然环境。

（三）无污排放

为避免产生畜禽粪便污染，养殖厂必须建有粪污处理设施，实行粪便干湿分离，使尿液和圈舍冲洗液流入沼气池，再发酵处理后还林还地；干粪应该在专设堆肥场经发酵处理，风干后还林还地，或用作复合肥基料及农作物有机肥。放牧场实行轮牧制度，让放牧场地实现生态还原，确保环境无污染。

（四）无药物残留

要充分确保家畜的养殖环境中无药物残留，同时对于人药兽用的行为要严令禁止。对于特殊用药的家畜，还要留有一个月的休药期。

（图：房德松）

007

如何避免饲料安全事故的发生？

什么是饲料安全？

饲料安全，通常是指饲料产品（包括饲料和饲料添加剂）在按照预期用途进行使用时，不会对动物的健康造成实际危害，而且在畜禽产品、水产品中残留、蓄积和转移的有毒有害物质或因素在可控的范围内，不会通过动物食用饲料转移至食品中，导致危害人体健康或对人类的生存环境产生负面影响。

什么会危害饲料安全？

（一）随意选择、更换饲料

部分养殖户对饲料产品知识不足，生产上随意选择饲料、随意更换饲料。

（二）随意搭配饲料

部分养殖户仍凭个人经验自配饲料使用，存在一定的盲目性或配方误差、饲料搅拌不均匀等弊端。

（三）随意使用饲料添加剂

部分养殖户在使用全价配合饲料的情况下，仍担心营养缺乏而随意使用饲料添加剂；或使用浓缩饲料、预混合饲料时，不按要求添加其他成分等。

（四）饲料霉变、过期

对饲料产品或原料进货把关不严、保存不当，导致饲料产品或原料霉变、过期或营养成分丢失等。如原料玉米霉变、黄曲霉毒素超标、饲料过期等。

（五）对饲料产品选择把关不严

养殖户未按要求核对产品的合格证、批准文号、批号、生产日期、饲料各项指标成分和产品检验报告等，或未做到经常抽检或委托检验。

怎样才能避免饲料安全事故的发生？

（一）提高职业道德，加强畜牧企业养殖人员的专业素养

为了快速发展，提高畜牧养殖产量，一些畜牧养殖户不注重科学的养殖，职业道德严重缺失，在饲料中大量使用添加剂，对畜牧产品造成严重的影响，危害消费者的生命健康。甚至会有一些不法畜牧养殖户在饲料中添加多种违禁药品，促进养殖动物的增产增重，加快出栏时间，从而对人们的生命安全带来威胁。为此，必须加强畜牧企业养殖人员的专业素养，在实际的工作中，结合养殖企业的实际需求，开展完善的畜牧养殖知识培训，加强畜牧养殖的卫生安全培训，以讲座和演练的形式提高畜牧养殖人员的专业水平。同时提高养殖人员的职业素养以及安全意识，加强养殖管理效果，从而实现养殖业的全面发展。

（二）提高饲料卫生常识

在畜牧养殖中，许多小型的畜牧养殖户和养殖企业对畜牧养殖的饲料卫生不够重视，导致饲料安全受到严重威胁。在畜牧养殖活动中，如果养殖人员严重缺乏饲料卫生安全意识，很容易在饲料的配比和投放中造成污染，同时也会导致饲料管理不到位的现象。这些现象都会导致饲料中混入大量的大肠杆菌以及沙门氏杆菌，这些细菌会对畜禽的生长造成严重影响，甚至会造成畜禽出现食物中毒的现象，给畜牧养殖企业带来巨大的损失。

（三）完善畜牧养殖经营管理体系

畜牧企业中，尤其是小型畜牧企业，并没有形成完善的畜牧经营管理体系，并且在畜牧饲料的选择上也存在一定的认识误区，在购买畜牧养殖饲料时，会选择价格低廉的饲料，认为只要控制好成本就可以提高畜牧企业的经济效益，但可能会引发牲畜营养不良或者疾病等，造成质量严重下滑，经济效益不增反降。因此，畜牧企业应该积极地构建良好的经营管理体系。

（四）积极引入先进的养殖技术

在畜牧养殖企业中，为了更好地提高畜牧养殖饲料安全，畜牧企业应该响应国家的号召，积极引入先进的饲料安全技术，通过创新性的饲料技术应用，有效避免饲料污染问题，提高畜牧养殖的饲料安全性，从而保障畜牧养殖的品质，给人们的健康安全提供保障。

（图：熊绮遥）

008

如何有效提高家畜饲喂科学性？

什么是家畜饲喂方法？

家畜饲喂方法是指以比例最合理的营养成分适应各种家畜在不同发育

阶段的最低消耗而获取最佳生产效果的饲喂方法。一般常用的饲喂方法有：自由采食法、阶段饲养法、隔日饲养法、限饲法等。可依据家畜的品种和饲养要求而灵活运用，如初生幼驹要及时吃上初乳，及时补料；肥育家畜则要分不同阶段而分别施加不同量的蛋白质饲料和碳水化合物饲料；对于种用公畜要多加蛋白质饲料，而怀孕母畜又必须供给较多的体积小的精料和维生素丰富的饲料；自由采食法多适用于饲养肉猪和家禽，而很少用于饲养肉牛和肉羊，在养马业中从不采用。

现在，为了获得更多的瘦肉，对猪也采用限饲法。由于饲养方法涉及家畜的年龄、体格、活动程度、气候变化以及饲料的种类、品质、数量和管理制度等许多因素，必须把饲养方法建立在科学的基础上，才能获得成本低、产品率高的饲养效果。科学饲养和机械化饲养技术越来越引起人们的重视，家畜的饲喂将直接影响到出产的肉制品、乳制品质量，关乎广大人民"舌尖上的安全"，所以科学合理的畜禽饲喂至关重要。

如何有效提高家畜饲喂科学性？

（一）搞好卫生管理

保持圈舍干净、干燥、通风。房顶安亮瓦，尽量保证牲畜圈舍环境舒适。

（二）抓好饲喂管理

喂干净、优质饲料，不喂发霉、变质和不易消化的饲料（菜籽饼、棉籽饼）和有毒植物（如发芽马铃薯）。日粮（精粗）合理搭配，饲料量需符合生长规律，饲喂方法、方式应科学化。饮用水要无色透明、无异味、味道正常，呈中性或弱碱性，含有适度的矿物质，不含有害物质（如铅、汞等重金属，农药、亚硝酸盐）、病原体和寄生虫卵等，符合国家居民生活用水标准（GB5749－85）的要求。

（三）抓好母畜的饲养管理

保证初产幼畜能及时吃上健康的乳汁，母畜乳汁过稀或过浓，都极易引起幼畜腹泻。因此，应加强母畜的饲养管理，适当增加母畜的蛋白能量饲料，以增加初乳的乳脂率，增加体内能量和蛋白的存储，提高幼畜的体质。母畜分娩后两小时内，应用0.1%高锰酸钾溶液擦净母畜乳头并挤去几滴奶水，然后再喂给幼畜。

（四）做好消毒工作

定期进行消毒是预防畜禽疾病的重要手段，每周带畜消毒两次，保持畜舍干燥卫生，及时清理污水粪便，并保持良好通风。

家畜饲喂方法科学化所面临的障碍及解决办法

（一）养殖成本攀升的问题

（1）可以根据生长阶段的营养需求，使用不同饲料，做到营养全面而不浪费。

（2）合理利用辅助饲料（猪：经处理过的酒糟；鸡：青蛙养殖户弃置的劣质的蝌蚪苗等）。

（3）自繁自养饲育优良的种鸡种猪，自己培育杂交仔猪和商品猪，有利于防疫灭病，提高仔猪成活率，降低成本。

（二）环保压力加大的问题

关于养殖环保问题国家也有诸多规定，有不合规的地方会被处罚，所以建议养殖户应遵照国家相关规定处理养殖场环境环保问题：

（1）采用全量还田模式，不仅成本低廉，且废弃物通过微生物处理后可全部用于农作物的种植资源。

（2）准备两个储污池，交替使用，岔开发酵时间，合理利用发酵好的资源。

（图：熊绮遥）

009

鱼鲞中添加农药带来哪些危害？

鱼鲞是什么？

鱼鲞是一种剖开的鱼干，分为淡鱼鲞和咸鱼鲞两种。像鲳鱼鲞、黄鱼鲞和马鲛鱼鲞等含盐量低的一般是淡晒，墨鱼等含盐量高的一般是咸晒。近几年来，人们越来越注重健康饮食，高盐晒制加工的鱼鲞已不再被主流消费者所喜爱，但低盐晒制加工的鱼鲞在晒干时又容易招惹苍蝇，于是部

分生产加工者就动了歪脑筋，他们在加工含盐量低的鱼鲞中使用敌敌畏、敌百虫等对人体有极大伤害性的农药来防蝇，严重危害到消费者的身体健康。

鱼鲞中农药的危害有哪些？

（一）神经肌肉接头出现临床症状

（1）神经肌肉接头受到连续不断的兴奋刺激。长期食用带农药的鱼鲞会出现毒蕈碱样作用。食用者可能会出现多汗、流涎，同时伴有腹泻、腹痛、支气管平滑肌痉挛、心率下降、呼吸道分泌物增多等症状。

（2）神经肌肉接头受到连续交叉的兴奋和抑制。长期食用带农药的鱼鲞会出现烟碱样作用。食用者会出现肌张力增大、肌束颤动、肌纤维震颤、心率加快的症状，甚至会因全身抽搐、呼吸麻痹而死。

（二）中枢神经系统受损

长期食用含农药的鱼鲞会使人眼花、头昏、头痛、意识模糊、软弱无力，甚至昏迷、抽搐，最终因中枢性呼吸衰竭而死亡。敌敌畏、敌百灵重度中毒的患者，还可能会患有中间综合征、迟发性神经病和多发性神经病。

（三）身体器官、系统受损

长期食用带农药的鱼鲞会使肾功能衰竭，肾功能一旦衰竭，会进而影响身体其他部位以至于造成脑水肿，导致抽搐、昏迷等多种症状发生。对心脏功能、消化系统、血液系统以及肺功能等都会造成危害。

（四）皮肤受损

长期食用带农药的鱼鲞可能会出现表皮脱落，皮肤局部糜烂、发热，局部或者全身性表皮大量起水疱，同时还会伴有低蛋白血症等血液系统性的疾病，严重时会激发细菌感染危及生命。

解决措施与建议

（一）国家应完善食品安全监管体系，建立严惩制度

国家应尽快完善食品安全监管体系，明确各部门的监督职能，建立健全的追责制度，避免在问题发生时推卸责任。同时国家应建立严惩制度，一旦被查出有食品安全问题，企业应面临巨额赔款同时此后不被允许再从事食品行业，严重者应给予判刑处置。

（二）地方政府应加大检查力度，重视地方监管体系建设

在监管过程中，政府应进一步加强执法队伍建设，切实提高执法水平，强化对食品市场的监督和管理，严厉打击食品安全问题，保障地方的食品市场稳定。同时地方政府部门应该全面重视食品安全体系建设，配备配齐基层监管岗位人员，强化执法监督，加强推进县、区级农药残留检测中心和街镇食品质量监管站建设，加强检测人员的培训进度，全面推动食品检测工作的顺利开展。

（三）加大力度研制价格便宜防虫蝇且对人体无害的药物

一旦研发出便宜又防虫且无害的药物，在农药价格以及食品危害的对比之下，绝大多数鱼鳖生产者会使用无害的药物，这会极大程度上降低农药的使用程度。

（四）对经营者和生产者进行定期的法律宣传和惩戒宣传

在国家已经施行严惩制度的基础上，让生产者和经营者对被查处的后果有一定的了解，并对查处后果产生恐惧感，从而让他们自发形成生产安全食品、售卖安全食品的意识。

（图：熊绮遥）

010

如何进行机械化养殖？

什么是机械化养殖？

　　机械化养殖是指在畜牧业养殖中使用机械装备畜牧业，并以机械化装备代替人力操作，畜牧业指的是利用畜禽等已经被人类驯化的动物，通过人工饲养、繁殖，使其将牧草和饲料等植物能转变为动物能，以取得肉、蛋、奶、羊毛等畜产品的生产部门，区别于平常农家的自给自足家畜饲养，畜牧业的主要特点是集中化、规模化，并以盈利为生产目的。机械化养殖，通俗来说就是在鸡、鸭、鱼等动物养殖中使用机器进行养殖，这是农业机械化的重要组成部分，是时代发展的必然趋势。

为什么要机械化养殖

现如今，中国作为农业大国，人们的温饱问题已经得到普遍解决，但是，吃得饱和吃得好并不是一个概念，随着人们日益增长的消费需求的迫切渴望，以及现如今畜牧产品的供应和需求还达不到平衡，大部分的人追求高质量的畜牧产品以及极少数的人渴求能够餐餐吃上一顿肉。机械化养殖能够大大地提高生产效率，提高产品质量，降低生产耗能。以奶牛场为例，奶牛场奶牛通常有成百上千头，挤奶环节如果以手工完成，每头牛挤奶 1 次需要 12 分钟左右，每人每工时只能挤 4 ~ 5 头奶牛，头均年产奶量5000 千克左右，每天挤奶 3 次，这样完成全部奶牛的挤奶，需要大量时间，劳动效率远远不如机器挤奶。机器挤奶不仅可以同时进行工作，降低工作时间，且花费的人力远远少于人工挤奶的人力，降低了用人成本。除此之外，有专门的机器可以检测奶牛的健康问题，同时追踪多头奶牛的变化，合理分析奶牛的健康状态，如果遇上瘟疫，可以有效及时地切断传播，保证牛奶的质量。因此，机械化养殖作为未来的发展趋势，是每个畜牧业生产者都应要了解掌握的内容。

如何实现养殖机械化？

畜牧业种类涉及颇多，下面以鸡、鱼为例简要说明。

（一）鸡的机械化养殖

首先，将鸡分为肉鸡舍和蛋鸡舍，分别负责产肉和产蛋，其中两种鸡舍中还应有专门的雏鸡舍。肉雏鸡的生活能力较弱，对环境温度要求高，可以提供保姆伞供温，放上料盘和饮水机，通过机器分配食物和水，除此之外，还可以通过调节煤气进入气道燃烧来控制鸡舍的温度，当肉雏鸡饲养成长到一定大小时，便可以出售。蛋鸡最重要的是鸡蛋，鸡蛋的处理方法分为两个过程，一是将鸡蛋收集起来，二是将鸡蛋清洗、消毒、分级、涂油、装箱，其中涂油是为了保证蛋的新鲜。机械自动化的鸡蛋处理是一条流水线，首先通过机械吸盘将母鸡产下的鸡蛋运输到蛋品整理车间，其次送到工作室进行喷水、洗刷、吹干，再其次进行人工选蛋和光电选蛋，最后是利用机器分级、涂油、包装。鸡舍的粪便也是通过机械小车处理，小车前有清粪推板，将粪便铲起送到拖斗车里集中烘干。

（二）鱼的机械化养殖

鱼的养殖一般采用全年轮流养殖制，即在 4～10 月养殖成鱼，培育鱼种，11～3 月保种越冬轮番养殖，如果需要养殖某些暖水性鱼类如尼罗罗非鱼，因在我国广大地区无法在室外自然越冬，因此需要建造越冬设备。越冬设备包括暖房、水净化机、增氧机和加温机，可以大大减少冬季鱼种的死亡率。除此之外，大规模养鱼，特别需要注意的就是鱼塘的换水和供氧。换水的水源条件简单，没有严重工业污染就行，即可以使用达到标准的河流、湖泊、水库、山泉、池塘均可作为水源使用。换水流程如下：水源 - 水磊 - 进水渠 - 鱼池 - 集污口 - 排污管 - 集污井 - 排污总管 - 池塘。通过增氧机便可以达到鱼塘的供氧。还需注意，由于高密度养殖，鱼病容易蔓延，故需要专门的检测机器，通过检测水质和随机挑选来实现预防鱼病的蔓延功能，每10 天检测一次，并适量泼洒石灰水以达到预防的目的。

（图：熊绮遥）

011

如何生产无菌鸡蛋？

什么是无菌鸡蛋？

近几年，无菌鸡蛋慢慢进入大众视野。很多人认为这是新的品种蛋，其实不然，无菌鸡蛋原本是日本岩手农场的专利产品，1999 年 6 月在长治中日友好协会努力下，日方同意将该技术无偿转让给中日友好农场，农场以技术股投入，在长子县组建有限责任公司。无菌蛋是经过巴氏杀菌法来将鸡蛋进行消毒，从一开始，蛋鸡使用的饲料、生存的环境都要受到严格的控制和处理，因此所含有的有害细菌很少，是能够生吃的鸡蛋。

超市上的无菌鸡蛋会打上"P"的字样，无菌鸡蛋整体呈现淡白色，并且大小均匀。蛋壳白净自然，蛋体完好无损，蛋清为乳白色，蛋心为橙黄色。

无菌鸡蛋在中国的市场背景

（1）"没有蛋腥味，不含沙门氏菌此类有害细菌，可生食，具有极高的营养价值。"宣传语中的无菌鸡蛋广受追求味蕾体验的年轻人欢迎，如在鸡蛋拌饭、寿喜烧等生鲜菜肴中，生鸡蛋液起到顺滑口感、提鲜、降温的作用。

（2）相比起市面上 1 元左右的普通鸡蛋，无菌鸡蛋价格高达平均 4 元左右一个，即便价钱昂贵，但是市场火爆，根据《2021 年中国可生食鸡蛋白皮书》中数据显示，2020 年可生食鸡蛋的消费人数，销售规模同比

增长超 200%，增速远超普通鸡蛋。

（3）无菌鸡蛋主要在较发达地区的超市里容易看见，原因是比较开放的思想容易接受新鲜事物，敢于尝试与传统观念（熟鸡蛋）相违背的可生食无菌鸡蛋。

无菌鸡蛋目前所面临的挑战

（1）生吃鸡蛋的蛋白质吸收率较低，相比起水煮蛋的 91% 吸收率，生吃无菌鸡蛋只有 55%。并且生鸡蛋里存在一种影响蛋白质消化吸收的蛋白酶抑制剂，长期食用可能造成人体维生素的缺乏，导致身体出现全身无力、食欲不振、肌肉疼痛、皮肤发炎、眉毛脱落等不良症状。

（2）无菌鸡蛋的市场保质期远远短于普通鸡蛋。有资料表明，相比起保质期 30～45 天的普通鸡蛋，无菌鸡蛋只有 15 天的保质期，并且在购买后 5 天内食用最佳。

（3）无菌鸡蛋的行业空白有待加强。无菌鸡蛋的市场更多是依靠着"安全可食用"的营销手段促进消费，但是其安全指标是否具有公信力和权威性，产业链的完善度是否达标，有没有国标和数据去支撑，目前缺乏标准和监管，所以市场前景有待检验。

无菌鸡蛋的储存方式

无菌鸡蛋应置于室内阴凉、通风、干燥、清洁卫生、无异味处进行保存，建议最好冷藏，低温可以抑制微生物的生长和繁殖，所以有条件的话可以将其置于 0～8℃ 的环境下冷藏保鲜。

无菌鸡蛋严苛的生产过程

无菌鸡蛋的生产过程严苛又复杂，需要高科技设备和优秀管理人才的统一，才能够确保各个生产环节达标，以下是主要的生产步骤：

（1）在加工厂时，从蛋鸡小时候就开始根据健康指标严格挑选，去除瘟鸡，留下健康强壮的蛋鸡。

（2）保证蛋鸡生长环境的干净整洁，定时清扫。

（3）喂食的饲料是精心消毒加工过的优质饲料。

（4）所有生鸡蛋需要进行一系列的设备化处理，如除菌、清理、封袋、车内运送等。

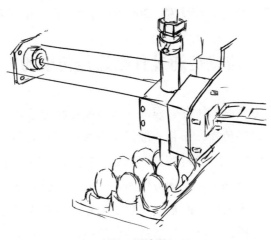

（图：熊绮遥）

012

如何预防禽流感？

什么是禽流感？

禽流感病毒（AIV）属甲型流感病毒。流感病毒属于 RNA 病毒的正

黏病毒科，分甲、乙、丙 3 个类型。其中甲型流感病毒多发于禽类，一些甲型也可感染猪、马、海豹和鲸等各种哺乳动物及人类；乙型和丙型流感病毒则分别见于海豹和猪的感染。

禽流感就是禽类的病毒性流行性感冒，是由 A 型流感病毒引起禽类的一种从呼吸系统到严重全身败血症等多种症状的传染病。禽流感容易在鸟类间流行，过去在民间称为"鸡瘟"，后来国际兽疫局将其定为甲类传染病。禽流感于 1994 年、1997 年、1999 年和 2003 年分别在澳大利亚、意大利、中国香港、荷兰等地暴发，2005 年则主要在东南亚和欧洲暴发。

禽流感是通过什么途径传染的？

禽流感是由甲型流感病毒引起的一种禽类呼吸道急性传染病。通常这种病毒只在动物之间传播，而且一般只有家禽和驯养的动物会互相传染然后得病。但自 1997 年中国香港首次发现禽流感病毒感染给人类以后，人们才知道在特定的条件下，家禽可以通过唾液、鼻腔分泌液和粪便等途径传染给人类。不过令人放心的是，到目前为止的所有资料均表明，禽流感不会在人类之间传播，通过空气传播的可能性也并不大。

得了禽流感会有什么症状？

人类患禽流感的症状和感冒相似，如鼻塞、流鼻涕、咽喉疼痛、四肢发酸、头疼发热等，有些病人还可能出现呕吐、腹痛、腹泻等症状。当然，严重的病例还会引起肺炎、呼吸衰竭等并发症，我们把这种病例叫作"高致病性禽流感"。这些病人往往起病很急，而且病情会突然加重，导致迅速死亡，所以需要引起重视。

一般禽类，比如鸡得禽流感的症状由于各种因素有较大的差异，其病型可分为三类：

（1）急性败血型禽流感（典型禽流感）。病禽主要的症状表现为高度沉郁、昏睡，张口喘气，流泪流涕。

（2）急性呼吸道型禽流感（典型禽流感）。病禽主要表现为流泪流涕、呼吸急促、咳嗽、打喷嚏、鼻窦肿胀、下痢，部分发生死亡。

（3）非典型禽流感。病禽一般表现为流泪、咳嗽、喘气、下痢，产蛋率大幅度下降（下降幅度为50%~80%），并发生零星死亡。

禽流感会不会在人类中大面积传播？

由于禽流感只通过动物传播给人，而且这种病毒在70℃以上便无法生存，又不能通过空气传播，所以只要我们严格把好相关环节，特别是提高警觉和注意生活细节，禽流感是完全可以有效预防的。最后提醒一句，当你的居住区周围有大量家禽突然因不明原因生病和死亡时，为了切实保护你和周围人群的安全，应当及时报告有关卫生检疫部门。

发生疑似高致病性禽流感疫情后养殖户能自行处理吗？

国家有着明确规定，对疫点所有禽类及禽类产品必须在动物防疫监督机构的监督下进行扑杀和无害化处理。所有可能受到污染的物品也必须进行消毒和无害化处理，另外疫区的封锁、环境消毒控制、疫情的确认都只能由当地政府以及畜牧兽医行政主管部门组织实施。养殖户如果随意宰杀，然后不对血液、废物和污水进行适当的处理，将会造成严重的环境污染和病原传播扩散。

我们该怎样预防禽流感？

禽流感一般发生在春冬季，并且一般不会在人与人之间传染。所以预防禽流感应主要注意以下几点：

（1）勤洗手，远离家禽的分泌物，不要接触有病的家畜。在接触鸟、禽类及其粪便后，及时消毒处理。

（2）千万不要吃没有煮熟的家禽，食用鸡蛋前要把鸡蛋壳洗干净，

而且要把鸡蛋煮熟，不吃生的或半生的鸡蛋。

（3）要保持居室内空气新鲜，多开窗通气，勤晒衣被，养成良好的卫生习惯。

（4）避免到有禽流感疫情的地区，如有感冒症状时不要到人多拥挤的场所去，并且应当及早就医。

（5）可以适当吃一些有抗病毒作用的中草药加以预防，并保证睡眠充足，饮食均衡，然后注意多摄入含维生素 C 等增强免疫力作用的食物。

（6）对于体质较差的人群来说更要加强锻炼，提高免疫力，但是注意别因为出汗着凉而感冒了。

（7）对农户小规模养殖的禽类来说应当注意禽舍的清洁卫生，自觉接受动物防疫监督机构的检测。如果在禽流感受威胁区内，应及时给禽类注射疫苗。一旦发现疑似高致病性禽流感，应立刻上报防疫机构，并采取隔离措施，防止疫情扩散。

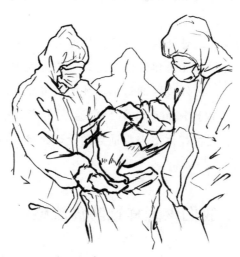

（图：熊绮遥）

第二篇

种 植 业

013

如何做好病虫害的综合防治？

什么是综合防治病虫害？

病虫害是指在农作物种植和成长过程中对作物产生不良影响，导致作物产量下降、品质变差的灾害。病虫害分为病害和虫害，病害是指由细菌、真菌、病毒等因素导致的植物发育不良或死亡的灾害，虫害是指由害虫对植物生长造成一定伤害的灾害。综合防治病虫害就是生物防治、物理防治、化学防治等多种防治手段有机配合使用，将病虫害对农作物的危害程度降到最低的一种综合防治体系。通俗来说就是综合运用不同防治手段，从各个角度共同发力解决病害和虫害，将农作物损失降到最低，保证农作物的正常收获。

为什么要对病虫害进行综合防治？

无论是造成病害的细菌、真菌等微生物还是引发虫害的昆虫等生物，抑或是不适合作物生长的气候、土壤等非生物环境，都是农业生态系统中的重要组成部分。根据生态系统动态平衡的基本概念可知，微生物、昆虫等生物与农业生态系统中的其他组成部分之间存在相互联系、相互作用的关系，任意消除一方都可能导致生态系统混乱。从这个意义上来说，病虫害的综合防治就是通过采用各种措施经济有效地使农作物与这些有害生物和谐相处，以获得最佳的经济、生态和社会效应。

除此之外，各种不同的防治手段都有一定的局限性。以生物防治为例，虽然生物防治手段不污染环境，不伤害农作物天敌及其他有益生物，但其也存在一定的局限性，这种防治手段依靠自然平衡，但这个过程往往很缓慢，很难在短时间内迅速有效地达到理想的防治效果。再比如化学防治，虽然化学制品能快速消灭害虫和微生物，但长期使用会让害虫、病菌等微生物产生抗药性，且容易污染环境，同时购买相关化学制品的金钱损耗也很大。

因此，对病虫害采用综合防治，充分发挥各种防治手段的优点十分重要。病虫害综合防治的相关方法是每一个农户在日常种植中都应了解和掌握的知识。

怎样实现病虫害的综合防治？

（一）具体问题具体分析，综合运用防治手段

农作物种类较多，不同农作物综合防治的方法不尽相同，以下将通过几种主要农作物进行介绍。

1. 棉花病虫害综合防治技术

（1）生物防治技术。棉花在生长过程中叶子表面会有棉蚜排泄的蜜露，往往会滋生细菌等微生物，影响棉花生长。棉蚜的天敌有瓢虫等生物，可以适量引进害虫天敌以减少害虫数量，也可喷洒相关生物制剂杀虫，既可起到减少害虫的作用，又能保护益虫。

（2）农业防治技术。选择抗虫棉种种植可以减轻虫害。同时也可以在棉花地周围种植烟草吸引烟虱粉，种植胡萝卜诱捕棉铃虫，减轻虫害对棉花的破坏。

（3）化学防治技术。在棉花播种和成长的不同时期会有不同的病害和虫害，根据这些病虫害的表现选择相应的化学制剂，掌握科学的使用方法和用量。

（4）物理防治技术。大多数的害虫都具有趋光性，可以在棉花种植的区域布置黑色灯吸引棉蚜等害虫，对其进行统一抓捕。也可运用太阳能灯杀虫技术，白天吸收太阳光，夜晚利用收集的能量杀死害虫。

2. 小麦病虫害综合防治技术

（1）农业防治技术。选用抗病虫品种进行种植。选择晒种，播种前晒种可以杀死部分病虫，同时也可提高发芽率。

（2）化学防治技术。在播种之前对种子进行药液浸泡，待吸收后播种可以预防病虫害。对要进行种植的土壤进行药液处理，可防治地下害虫，也可预防小麦的相关疾病。

（二）加大病虫害综合防治知识普及

在传统农业生产的背景下，大部分农民对病虫害的防治技术还不够了解，单纯停留在使用化学农药。因此，相关部门要及时发布病虫害的相关信息，开展防治技术推广工作，让农民充分了解综合防治；对有需要的农民进行相关知识和技术培训，积极引导农民正确使用防治技术。

（三）完善病虫害防治技术

由于病虫害的种类不断增多，传统的防范知识已不足以解决所有病虫害，农民在种植过程中无法找到病虫害发生的确切原因。因而相关技术单位要大力研发防治技术，使用先进的防治手段。

（四）制定科学的综合防治体系

在播种前对种子进行检疫，根据相关作物的特性制定专属防治体系，定制出最佳的综合防治方案。

（图：杨子铭）

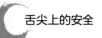

如何做好生物防治？

什么是生物防治？

　　生物防治是利用有益生物或其他生物来抑制或消灭有害生物的一种防治方法。内容包括：（1）利用微生物防治。常见的有应用真菌、细菌、病毒和能分泌抗生物质的抗生菌，如应用白僵菌防治马尾松毛虫，苏云金杆菌各种变种制剂防治多种林业害虫，病毒粗提液防治蜀柏毒蛾、泡桐大袋蛾等，"5406"防治苗木立枯病微孢子虫、舞毒蛾等害虫幼虫。（2）利用寄生性天敌防治。主要有寄生蜂和寄生蝇，最常见有赤眼蜂、寄生蝇防治松毛虫等多种害虫，肿腿蜂防治天牛，花角蚜小蜂防治松突圆蚧。（3）利用捕食性天敌防治。这类天敌很多，主要为食虫、食鼠的脊椎动物和捕食性节肢动物两大类。鸟类有山雀、啄木鸟等，可捕食害虫的不同虫态。鼠类天敌如黄鼬、猫头鹰、蛇等，节肢动物中捕食性天敌除有瓢虫、蚂蚁等昆虫外，还有蜘蛛和螨类。利用生态系统中各种生物之间相互依存、相互制约的生态学现象和某些生物学特性，来防治危害农业、仓储、建筑物和人群健康的生物。

为什么要生物防治？

生物防治具有自然资源丰富、便于就地生产就地应用、生产成本低、应用范围广阔等特点，与化学防治相比具有保护和改善农田生态环境，不污染环境，对人、畜安全，有利于延缓害虫抗药性的发生和发展，在连续使用的情况下，对一些病虫也具有连续而持久的抑制作用等诸多优点。并且由于化学农药的长期使用，一些害虫已经产生很强的抗药性，许多害虫的天敌又大量被杀灭，致使一些害虫十分猖獗。同时许多种化学农药严重污染水体、大气和土壤，并通过食物链进入人体，危害人群健康。利用生物防治病虫害，能有效地避免上述缺点，因而生物防治具有广阔的发展前途。

如何做好生物防治？

如果在防治时注意保护天敌，利用天敌对有害生物的自然控制作用，效果将十分明显，生物防治的出发点是保护利用天敌、控制有害生物的危害和减少对环境的污染。有害生物防治的主要途径有：

（一）对有些优势天敌可通过人工大量繁殖的手段增加种群的数量

生物防治的总目标是使某种有害生物的天敌在田间保持相对稳定的种群，发挥它们与有害生物相互制约和相互依存的作用，通过保护利用本地天敌、输引外地天敌的途径，达到控制有害生物种群数量的目的。直接保护天敌资源、应用农业技术增加天敌数量、增加天敌的食料、配合其他防治方法增加天敌的数量。

（二）输引外地天敌

人为因素带进新的有害生物时，由于没有有效天敌的控制，如果生态环境适宜，就可能迅速地繁殖发展成为重要有害生物。对于这类有害生物需采用从原产地输入天敌的方法加以控制。某些本地有害生物，如当地缺乏有效的天敌，也可从外地引进近缘种有害生物的天敌或利用不同地区同种天敌的地理宗来控制。

（三）人工大量繁殖天敌

在田间天敌数量较少而不足以控制有害生物的种群数量时，或从国外及外地输引少量天敌时，都有必要对天敌进行人工大量繁殖，以满足移植和释放的需求。人工繁殖天敌之前首先要明确天敌在当地的适应性、控制能力、生物学特性、寄主范围、生活历期、对温湿度条件的要求、繁殖能力、人工繁殖的条件等问题。

（图：杨子铭）

015

如何减少除草剂残留？

除草剂残留有什么危害？

随着农业科学技术的快速发展，化学除草剂在我国推广使用非常普遍，由于其在使用上省时、省工、省力，同时除草效果好，当前已成为我国高效生产中不可缺少的重要除草措施之一。同时除草剂在农户中的普遍使用程度也像化肥一样进入千家万户，深受农民朋友的欢迎。但是除草剂在使用过程中也存在和出现了许多的问题，由于在选药和使用过程中不能严格地按标准使用等原因，给当季或后农作物生产造成了严重药害。

除草剂残留的药害可引起人体致癌、致畸、突变。化学除草剂在人体内不断积累。虽然它们在短时间内不会在人体内引起明显的急性中毒症状，但它们会造成慢性危害。例如：破坏神经系统的正常功能，扰乱人体内激素的平衡，影响男性生育能力、力量，甚至导致免疫缺陷。农药的慢性危害会降低人体免疫力，进而影响人体健康，导致其他疾病的患病率和死亡率上升。

造成除草剂残留危害的原因有哪些？

（一）除草剂品种不对症造成的危害

目前我国市面上出现的农药产品只要按照产品说明书上的方法和剂量使用，一般不会造成严重的农药残留。但由于部分群众缺乏科学知识，文化素质低，对除草剂的使用方法一知半解，没有仔细阅读说明书就直接使用，造成了除草剂残留。

（二）用药量超标造成药害

目前有的农民在使用除草剂过程中有一个非常大的误区，总觉得使用的药量越大、浓度越高，除草效果就越好，所以不按规定药量使用除草剂，有的还加大用药量。还有的农民不根据气候情况，乱施农药，特别是在天气干旱时喷施农药，由于喷施药液量加大，而除草剂浓度并未减少，这样也会造成药量过大，产生药害；或部分农民在刮风时喷施农药，药液随风飘散，造成药害。

（三）除草剂使用方法不当造成药害

有的农民不按照操作和配方要求使用除草剂，如可湿性差的化学除草剂，必须要用力摇晃瓶体使药液混合均匀，才能正常使用，要不然瓶体下面沉淀太多，造成喷药不均匀，极易对作物造成伤害。而少数农民为了方便，直接把原药倒入药桶中再加水，这样容易使药剂进入喷管中，导致在开始喷药时药液浓度过大，从而容易造成药害。

如何减少除草剂残留？

（一）正确合理使用除草剂

农户在购买除草剂产品时，可以提前询问售卖员用量及如何正确地使用，也可以自己阅读产品说明书后小范围试验后再投入生产，同时村委会也可以定期组织农户进行培训。

（二）合适的时间使用

农户在使用除草剂时，应充分考虑使用的天气及作物生长状况等因素，避免在大风大雨等天气下使用，同时也要避免在作物即将成熟前使用除草剂。

（三）相关部门应加大对除草剂售卖市场的监管力度

相关部门应对部分夸大宣传除草剂效果的厂家进行打击，防止农户陷入一些虚假宣传的误区，及时清理掉市场上的一些不合法的除草剂，查处违法经营除草剂的商户，让农户们买得安心，用得放心。

（四）加大除草剂使用技术的宣传培训

乡镇村组、村委会、村干部可以通过广播、电视、集会等方式加大对农户合理使用除草剂的宣传培训，政府部门也应当重视有关实用技术培训、增加培训经费等，切实满足农户对有关农药使用方法知识学习的需求。

（图：杨子铭）

016

如何解决食品中吊白块的危害？

什么是吊白块？

吊白块，又称雕白粉，是以福尔马林结合亚硫酸氢钠再还原制得，化学名称为甲醛次硫酸氢钠，化学式为 $CH_2(OH)SO_2Na$，呈白色块状或结晶性粉状，无臭或略有韭菜气味；易溶于水，微溶于醇。吊白块密度为 $1.8 \sim 1.85 g/cm^3$，常温时较为稳定，加热易分解。其水溶液在 60℃ 以上就开始分解为有害物质，120℃ 以下分解为甲醛、二氧化碳和硫化氢等有毒气体。人食用了掺有吊白块的食品会发生中毒，如果一次性食用剂量达到 10 克就会有生命危险。

如何从食品中辨认出吊白块？

近年来，一些不法厂商在食品加工中添加吊白块用作增白剂使用，使一些食品如脱色榨菜、腐竹、食糖、单晶冰糖、米粉、面粉、粉丝、银耳、大麦粉、小麦粉、绿豆粉、绵白糖、红糖、水发制品、熏制品、面食及豆制品等外观洁白、光滑、感官效果好。

那么，我们该如何鉴别食品中的吊白块呢？购买食品时可用感官粗略地辨别：

一是"看"，观察色泽是否正常，不会过于鲜亮而失去了食品本身的特有颜色和光泽；组织状态良好，如正常的面粉是白中略带微黄色，又如豆干制品要注意优选色泽呈白色或浅黄色，有光泽、质地细腻，切边整齐，挤压不出水，有一定弹性的产品，颜色"超白"或有异味的面粉和豆干制品一定掺有吊白块。

二是"闻"，辨别是否有正常的食品特有的香味，无异味。如正常的面粉有麦香味、豆干制品具有豆制品清香味。而当产品具有霉臭味、酸味、煤油味及其他异味时，就不要购买。

三是"尝"，正常的食品味道可口，淡而微甜，没有发酸、刺喉、发苦、发甜及其他异味。如优质小麦粉味道可口，而变质的面粉会带有明显的霉味以及其他异常的味道。

关于解决吊白块问题的建议

（一）加强食品安全监管中的公众参与和消费者保护机制

公众参与程度的差别，是我国与其他国家在食品安全监管中最大的不同。我国对于日常生活中的食品安全问题，消费者通常会求助于消协。但各地的消协都挂靠在工商行政部门内部，由同级工商部门主管，给协调物价、质监、食品药品监督等诸多部门的关系增加了难度。而国外的消费者维权组织不仅数量众多，甚至通过自身力量推动了国会对食品安全方面的立法改革。比如在中国香港地区，消委会的委员由行政长官亲自任命，并在媒体公布，任期两年，其运作保持高度透明，可由公众问责，独立处理来自消费者的投诉和其他各种事务，处理结果不需要向政府通告，对经营不当、屡教不改的商家，消委会会公开商家的名字。总结国外及中国香港消费者保护的经验，我们认为只有广泛激发消费者对食品安全的监督权，充分保证消费者的知情权，切实维护受害消费者的权利，食品安全问题才不会在朗朗青天之下遁于无形，食品供应链上的利益相关者才不敢冒天下之大不韪以身试法。

（二）强化执法检查，提倡制度刚性化

对于执法部门的监督在国内外都是一个难点问题。为保证食品在生产、加工、流通环节的安全，应逐步建立食品追踪识别标志制度，使得食品安全的自检、抽检记录都有据可查。我国在《食品安全法》中规定有违法行为无须造成后果也可以定罪，是希望增加违法成本、震慑犯罪，但执法机关对于具体认定和执行尺度拥有较大的自主权，为了对执法部门形成有效制衡，客观上需要强化执法检查，严厉追究执法机关不作为和徇私舞弊的责任。

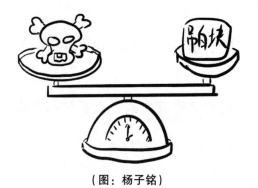

（图：杨子铭）

017

如何利用多菌灵防治农作物病害？

什么是多菌灵？

多菌灵，又叫棉萎灵、苯并咪唑44号。其本品为无味的粉末，纯品为白色结晶固体，微溶于氯仿、丙酮和其他有机溶剂。它是一种广谱性的杀菌剂，具有高效低毒的特点，可以有效防治由真菌引起的多种作物病害，在我国使用范围广泛。

如何使用多菌灵？

多菌灵的主要作用是预防烂根、烂叶，同时对白粉病、叶枯病、灰霉病等菌类感染也能起到一定的预防作用。其广泛应用于花卉、蔬菜、果树和大田农作物病害的防治。下面介绍几种防治对象及其使用方法：

（一）防治果树病害

1. 防治苹果褐斑病

从苹果发病初期开始喷雾防治，用50%可湿性粉剂500～800倍液进行喷雾，每次间隔期为7～10天。

2. 防治梨黑星病

在梨树萌芽期和落花后，用50%可湿性粉剂500倍液各喷雾一次，之后根据病情发展情况决定喷药次数，一般喷药次数为3～4次，每次间隔期为7～10天。

3. 防治葡萄白腐病、黑痘病、炭疽病

从葡萄展叶后到果实着色前，用50%可湿性粉剂500～1000倍液进行喷雾，每次间隔期为10～15天。

（二）防治水稻病害

1. 防治纹枯病

在水稻分蘖末期和孕穗期，用50%可湿性粉剂500～1000倍液各喷雾防治1次。喷药时重点喷水稻茎部。

2. 防治稻瘟病

每667平方米用37.5～50克多菌灵有效成分，用水稀释后作低量喷雾使用。为防治穗瘟，在水稻的破口期和齐穗期各喷一次；为防治叶瘟，在田地里发现发病中心时开始喷药，7天后再喷一次。

3. 防治小粒菌核病

每667平方米用37.5～50克多菌灵有效成分，用50～80升水稀释作

喷雾使用。在水稻圆秆拔节期至抽穗期进行喷药，共喷药 2～3 次，每次间隔期为 5～7 天。

（三）防治麦类病害

1. 防治赤霉病

在小麦抽穗盛期，用 50% 可湿性粉剂 500～1000 倍液进行喷雾，5～7 天后再喷一次，每次每亩①喷药 75～100 公斤。

2. 防治黑穗病

将 4 千克水加入 100 克多菌灵有效成分，用其均匀喷洒 100 千克麦种，然后将麦种堆闷 6 小时后再进行播种。

（四）防治蔬菜病害

1. 防治番茄早疫病、甜菜褐斑病、瓜类白粉病

从病害初发期开始，用 50% 可湿性粉剂 800～1000 倍液连喷 3～5 次，每次间隔期为 7～10 天。

2. 防治瓜类枯萎病

在西瓜、黄瓜等瓜类进行移栽定植前，每亩用 50% 可湿性粉剂 1～1.5 公斤，加入 25～35 公斤细土搅拌均匀，然后将其均匀地撒在定植沟或穴内，等到结瓜期时，再用 50% 可湿性粉剂 1000 倍液灌根。

（五）防治花卉病害

可用于防治各种花卉的白粉病、君子兰叶斑病、月季褐斑病等。在病

---

① 本书中计量单位原则上采用法定计量单位，因农业中采用"亩"为单位的情况较多，故遵从此习惯，1 亩 ≈0.0667 公顷。

害发生初期，用50%可湿性粉剂500～1000倍液进行喷雾，喷药次数可根据病情发展情况确定，每次间隔期为7～10天。

（六）防治棉花病害

可用于防治棉花立枯病、炭疽病。将10～20公斤水加入1公斤50%可湿性粉剂中，拌棉种100公斤，然后将棉种堆闷6小时后再进行播种。

（七）防治甘薯黑斑病

在进行移栽前，用50%可湿性粉剂3000～4000倍液浸苗基部5分钟。

（八）防治花生病害

可用于防治花生根腐病、茎腐病、黑斑病、立枯病等。将0.5～1公斤50%可湿性粉剂与100公斤花生种拌匀后播种。

使用多菌灵时有哪些注意事项？

（1）选择多菌灵时，不能选用复方多菌灵，因为它对菌丝生长有抑制作用，另外，还要注意产品的有效期，尽量选择在出厂期一年以内的多菌灵；

（2）不能长期单一使用多菌灵，要控制好多菌灵的用量，且不能与苯菌灵、硫菌灵等同类药剂轮用，不能与强碱性的药剂混合使用；

（3）有些食用菌（如猴头、木耳等）对多菌灵很敏感，应避免使用多菌灵；

（4）若发现作物对多菌灵产生抗药性，应立即停止使用多菌灵；

（5）在蔬菜收获前18天必须停止使用；

（6）虽然多菌灵的毒性不高，但使用多菌灵时还是要做好防护，以免伤害身体；

（7）在阴凉、干燥处储存。

（图：杨子铭）

018

如何正确使用农药？

我国农药使用现状

目前，我国农药种类繁多，已成为世界上第二大农药生产国，但在从原药到制剂的生产过程中，存在许多不环保、质量不达标的问题。农药技术仍停留在大容量、大雾滴技术水平，容易造成人畜中毒，同时还造成了农产品农药残留量的增加，典型的特征就是高毒、高残留、高污染。其次，在使用过程中，喷洒出去的农药只有极少部分能达到要防止的靶标上，真正能达到作用部位的有效成分很少，农药使用的低效率，不仅浪费，还易造成环境污染。

我国虽然农药制剂在不断进行转型，但落后制剂还是占有较大比例。一些发达国家生产的农药早已完成了环境友好的水基化剂型为主的转变。目前，政府与有关企业开始解决农药的高毒、高残留、高污染问题，具有环保概念的农药制剂产品前所未有地得到重视，落后制剂比例已从2000

年 70% 以上下降到目前的 55% 左右。

如何正确使用农药？

（一）根据防治对象及发生特点，选择最有效的药剂和施药时期

每种害虫、病害在发生阶段都有对药剂最敏感的时期，在这个时期用药，不仅防治效果好，而且用药量少，减少了农药污染，如为害樱桃的介壳虫，它们的幼虫期没有介壳或蜡质层薄，药剂容易穿透虫体体壁发挥药效，所以介壳虫幼虫期是防治的关键时期。

（二）农药用量要准确，不准随意加大和降低用量

农药的推荐用量是经过药效试验确定的有效用量，随意加大农药用量不仅浪费药剂、加速病虫害抗药性的产生，同时会污染环境，伤害天敌生物，还有可能产生药害，而降低用量防治效果会下降。

（三）选择合理的施药器械和施药方法

农药有多种剂型，分为乳剂、可湿性粉剂、粉剂、颗粒剂、油剂、水剂等，不同的剂型需要用不同的施药器械和施药方式，方能达到满意的作用和效果，乳剂和可湿性粉剂需要兑水喷雾使用，粉剂需要喷粉器械喷粉施用，颗粒剂需要施撒到土壤或水面使用，油剂需要超低容量喷雾器喷雾施用。另外，果树属于高大冠覆盖作物，用药液量大，适合选用高压机动喷雾器械，这样可以使药剂全面覆盖到叶片、果实、枝干等，病虫无藏身和逃避之地，彻底消灭病虫害。

（四）科学混用和交替使用农药

农药混配和混用不是任意两种或多种药剂简单混在一起的事情，必须根据其物理和化学特性、作用特点、防治目的，选择其适应的药剂进行混

合，方能达到扩大防治谱、增效、减缓抗药性、节约用工的效果，反之会出现药害、减效、增毒等后果。如菊酯类杀虫剂与碱性农药石硫合剂、波尔多液混用，会出现水解降低药效。目前，有许多已经加工好的混配制剂可以直接使用，生产中需要混用时需先取少量药剂混在一起，喷洒到个别枝条上，观察混合后是否产生沉淀、结絮，对防治对象效果如何，对果树有无药害等。

一般来说，害虫连续用一种农药防治容易对该药剂产生抗药性，同时也对同类药剂产生交互抗药性，防治效果显著下降。因此，在同一年份，果园内必须几种、几类药剂交替使用，以避免产生抗药性，保证防治效果。

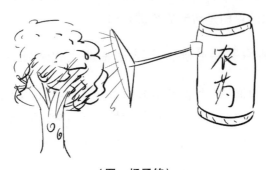

（图：杨子铭）

019

如何选择高效低毒农药？

什么是高效低毒农药？

高效低毒农药是指用的农药量少，杀虫效率高的农药。高效一般是指在正常的条件下，取得下列防治效果：杀虫剂每亩田施用有效成分 50 克，其防治效果大于 90%；杀菌剂每亩田喷洒有效成分 100 克，其防治效果大于 70%；除草剂每亩田施用有效成分 250 克，其防治效果大于 70%。

毒性的大小常以大白鼠、小白鼠或兔的致死中量（LD50）或致死中浓度（LC50）来表示，单位为毫克/公斤。LD50（或 LC50）的值越小，则毒性越大；反之，值越大则毒性越小。对老鼠或兔的毒性大小，也能反映出对人、畜毒性的大小。一般越有效的农药毒性也就越大，低毒是指毒性刚好能杀死虫子，却对人类伤害不大的程度。

高效低毒农药的现状

随着无公害农产品生产在我国的大力推行实施，高效、低毒、低残留的农药逐渐被广大消费者所推崇。然而，在我国农药市场上一些高毒、剧毒农药仍然占近 50%。很多农民朋友之所以选择高毒农药，除价格原因外，更主要是由于使用方法不当造成效果不明显，或者有的干脆就不辨真伪被一些假假真真的商品名所迷惑。由此会无意中造成农作物中有大量的农药残留，导致一些农药中毒事件。

如何选择高效低毒农药以及规范使用农药？

（一）购买农药，看清标签

购买农药要到正规店铺购买正规产品。在买农药前看清楚标签，了解其防治范围和注意事项等。

（二）防治病虫，科学用药

当你不知道买什么农药的时候就向农业专家请教，或者按照植保技术部门的推荐用药，在适宜施药时期，控制有效农药的剂量，采用正确施药方法施药。记住农药不是越多越有效，不得随意加大施药剂量和改变施药

方法。

（三）适期用药，避免残留

农药安全间隔期是指最后一次施药至作物收获时的间隔天数。施用农药前，必须了解所用农药的安全间隔期，施药时间必须在农作物的安全间隔期内，保证农产品采收上市时农药残留不超标。

（四）保护天敌，减少用药

最高效低毒的农药就是田间的益虫如瓢虫、草蛉、蜘蛛等，当它们数量较大时，要充分利用其自然控制害虫的作用。应选择合适农药品种，控制用药次数或改进施药方法，避免大量杀伤益虫。

（五）喷洒农药，先看天气

喷洒农药应在无雨、3 级风以下天气条件时进行，不能逆风喷施农药。夏季高温季节喷施农药，要在上午 10 点前和下午 3 点后进行，避开中午高温。施药人员每天喷药时间一般不得超过 6 小时。

（六）施药地块，人畜莫入

在施过农药的地方要树立标志，提醒其他人禁止进入田间进行农事操作、放牧、割草和挖野菜等，防止人们沾染到农药引起农药中毒。

（七）农药包装，妥善处理

农药应用原包装存放，不能用其他容器盛装农药。农药空瓶（袋）应在清洗三次后，远离水源深埋或焚烧，不得随意乱丢，不得盛装其他农药，更不能盛装食品。

（八）施药完毕，清洁器具

施药结束后，要立即清洁施药器具，以免腐蚀器具和造成药害（特别是除草剂）。然后，用肥皂洗澡和更换干净衣物，并将施药时穿戴的衣、裤、鞋、帽等及时洗干净。

（九）农药中毒，及时抢救

施药人员出现头痛、头昏、恶心、呕吐等农药中毒症状时，应立即离开施药现场，脱掉污染衣裤，并及时带上农药标签至医院治疗。

（图：刘如如）

020

农药残留如何防控？

什么是农药残留？

农药残留指给农作物直接施用农药制剂后，渗透性的农药主要黏附在

蔬菜、水果等作物表面，大部分可以洗去，因此作物外表的农药浓度高于作物内部。

农药残留的类型和危害有哪些?

(一) 直接污染

直接污染是指直接施用农药造成食品及食品原料的污染。直接污染主要体现在以下几个方面:

1. 内吸性污染

内吸性农药可进入作物体内，使作物内部农药残留量高于作物体外。另外，作物中农药残留量大小也与施药次数、施药浓度、施药时间和施药方法以及植物的种类等有关。一般施药次数越多、间隔时间越短、施药浓度越大，作物中的药物残留量越大。最容易从土壤中吸收农药的是胡萝卜、草莓、菠菜、萝卜、马铃薯、甘薯等，番茄、茄子、辣椒、卷心菜、白菜等吸收能力较小。熏蒸剂的使用也可导致粮食、水果、蔬菜中的农药残留较多。

2. 动物残留污染

给动物使用杀虫类农药时，可在动物体内产生药物残留。

3. 果蔬残留污染

粮食、水果、蔬菜等食品储存期间为防止病虫害、抑制生长而施用农药，也可造成食品农药残留。例如粮食用杀虫剂，香蕉和柑橘用杀菌剂，洋葱、土豆、大蒜用抑芽剂等。

(二) 间接污染

农作物施用农药时，农药可残留在土壤中，有些性质稳定的农药，在土壤中可残留数十年。农药的微粒还可随空气飘移至很远地方，污染食品和水源。这些环境中残存的农药又会被作物吸收、富集，而造成食品间接污染。在间接污染中，一般通过大气和饮水进入人体的农药仅占 10% 左右，通过食物进入人体的农药可达到 90% 左右。种茶区在禁用滴滴涕（DDT）和六六六（HCH）多年后，在采收后的茶叶中仍可检出较高含量的滴滴涕及其分解产物和六六六。茶园中六六六的污染主要来自污染的空气及土壤中的残留农药。此外，水生植物体内农药的残留量往往比其生长环境中的农药含量高出若干倍。

（三）生物富集

农药残留被一些生物摄取或通过其他方式吸入后累积于体内，造成农药的高浓度储存，再通过食物链转移至另一生物，经过食物链的逐级富集后，若食用该类生物性食品，可使进入人体的农药残留量成千倍甚至上万倍地增加，从而严重影响人体健康。一般在肉类、乳品中含有的残留农药主要是禽畜摄入被农药污染的饲料，造成体内蓄积，尤其在动物的脂肪、肝、肾等组织中残留量较高。动物体内的农药有些可随乳汁进入人体，有些则可转移至蛋中，产生富集作用。鱼、虾、藻类等水生动植物摄入被污染的水中的农药后，通过生物富集和食物链可使体内农药的残留浓度升至数百至数万倍。

（四）意外事故污染

运输及储存中由于和农药混放，可造成食品污染。尤其是运输过程中包装不严或农药容器破损，会导致运输工具污染，这些被农药污染的运输工具，往往未经彻底清洗，又被用于装运粮食或其他食品，从而造成食品污染。另外，这些逸出的农药也会对环境造成严重污染，从而间接污染食品。印度博帕尔毒气灾害就是美资联合碳化物公司一化工厂泄漏农药中间体硫氰酸酯引起的。中毒者数以万计，同时造成大量孕妇流产和胎儿死亡。

如何防控农产品农药残留？

（一）加强源头控制

加强对农药产品质量和标签标注的控制。农药产品质量问题导致农产品农药残留的主要原因有三种：一是农药产品标签上对农药有效成分的标注不准确或不醒目，导致农民使用不当。二是农药产品中添加了未在标签上注明的"隐性成分"，使用后造成残留超标。三是农药产品质量低下，防治效果差，导致农民重复用药和增加用药量。要解决这些问题，首先是相关部门要加强对农药生产和流通环节的严格管理，其次是农药生产企业要从严把关产品质量、标签标注等方面的规范，再次是农药经销商要经销"三证"齐全、质量安全可靠的产品，杜绝假冒伪劣农药产品流入市场和农民手中。

（二）防止和减少农药污染

要根据农药的性质严格限制使用范围，严格掌握用药浓度、用药量、用药次数等，严格控制作物收获前最后一次施药的安全间隔期，尽可能减少农副产品的农药残留。

（三）加强农药使用的指导和管理

农业生产中农药的科学合理使用是控制农产品农药残留最重要、最关键的途径。农业生产者必须掌握和运用农药合理使用的基本原则，特别是要严格按照农药使用规范，选择合适的农药品种、采用恰当的用药方式、选择适当的用药时期、掌握适当的用药量、严格控制用药次数、严格执行安全间隔期、实行交替轮换用药，同时要预防农作物产生药害和病虫害产生抗药性，预防人畜中毒。

（四）开展农药使用安全教育

想要从根本上解决农药过度使用的问题，就必须要提高农民在食品安全以及农药不当使用危害上的认知。通过开展安全讲座、线上宣传、选派专业人员对农民进行技术指导、使用通信手段向农民发送农药安全须知等手段，加强农民的安全意识、实现科学用药。

（图：刘如如）

021

如何预防剧毒、高毒农药中毒？

什么是剧毒、高毒农药？

根据农药致死中量（LD50）的多少可将农药的毒性分为以下五级，分别为剧毒农药、高毒农药、中毒农药、低毒农药和微毒农药。其中剧毒农药、高毒农药具体规定如下所示：

剧毒农药，如硫磷（1605），对人畜的毒性很强。其他如甲胺磷、久

效磷、内吸磷、甲拌磷等原药都属于剧毒，其制剂属于高毒农药。剧毒农药不仅容易造成人畜急性中毒，而且对环境的危害也很大，如可迅速杀灭害虫天敌，破坏生态平衡等。

剧毒、高毒农药有什么特点？

甲胺磷等 5 种剧毒、高毒农药通常具有下列特点：

（一）杀虫谱广、应用范围大

此类农药主要是抑制昆虫体内神经组织中胆碱酯旁的活性，破坏神经冲动的正常传导，引起一系列神经系统中毒症状，直至死亡。因此广泛应用于水稻、小麦、玉米、棉花等大量粮食作物和经济作物的害虫防治。

（二）药效快、杀虫效果好

一般随着气温升高，毒力增强，击倒快，普遍受到农民欢迎。

（三）使用成本低、抗性发展缓慢

相对其他菊酯类、烟碱类杀虫剂，其合成步骤少，结构简单，原材料易得，生产成本较低，同时大量试验证明，抗性产生比菊酯类、烟碱类农药要慢。

（四）对植物生长安全、降解快

一般对农作物安全，正常使用剂量下不会发生药害，由于结构中有磷原子，还对作物起到一定肥效作用，一般可水解、氧化、热分解，易在自然条件下或在动植物体内降解，一般不会造成环境污染，在动植物体内无累积性。

（五）毒性高，在工业生产和使用中不安全

毒性高，生产和使用过程中如操作不当可能引起人体的急性中毒，但

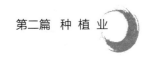

现已有解毒剂（如解磷定）可以治疗意外中毒者。

（六）造成农产品污染

有效成分及其代谢物的残留和积累可以对农产品造成污染，导致食品质量和安全性下降。如果非法使用，没有到规定的安全间隔期采摘鲜果（菜），则易造成农产品农药残留超标并引起急性中毒事故。

（七）破坏生态平衡

杀死有益昆虫或害虫天敌，导致害虫更加猖獗以及次要害虫上升，如甲胺磷等有机磷农药对蚕、蜜蜂、鸟以及昆虫天敌都为高毒，使用不当，将造成天敌和鸟的大量死亡，严重破坏生态环境。

如何预防农药中毒?

（一）做好生产管理

严格做好安全生产管理，不断改善农药生产设备、工艺，严格执行操作规程，杜绝跑、冒、滴、漏现象和事故发生。

（二）定期体检

定期对农药生产工人进行体检和健康监护，及时防止农药对接触者的健康危害。

（三）合理使用农药

严格遵守农药施药规程，正确掌握配药或拌种药液用量和浓度，防止超量使用或滥用。

（四）加强宣传

加强对生产、保管、使用等人员预防农药中毒知识的宣传，提高重点

人员的防护意识和防护水平。

（五）做到运输安全

在农药运输中，严格专车（船）装运，专库（柜）保存、专架销售、配药容器及施药器具专用，并明示警告标志，防止污染或误用。

（图：刘如如）

022

如何有效使用农用杀虫剂？

什么是农用杀虫剂？

农用杀虫剂指的是农业用的杀虫化学制剂，农用杀虫剂的农药登记证以

"PD" 开头，为 "品登" 汉语拼音缩写，依次在 PD 后面加上年号和登记编号，如绿色焦点 10% 甲维·吡虫啉可溶液剂农药登记证号为 PD20131251。

为什么要用农用杀虫剂?

如果不使用农用杀虫剂、化肥，在特定作物、小面积上是可以的。但是，我们应该看到，农用杀虫剂、农药是现代农业的组成部分，我们 14 亿人要吃饭，而且要吃得饱、吃得好，就必须使用农用杀虫剂、农药。至于农用杀虫剂，那就像人得病需要吃药一样，植物病虫害也需要施药防治。2017 年主要农作物病虫草鼠害共发生 65 亿亩次，防治面积 81 亿亩次。没有农用杀虫剂，结果不可想象。例如：美洲斑潜蝇进入我国不到 10 年，就已遍布全国，严重危害百余种农作物，每年防治费用约 4 亿元人民币。美国白蛾、草地贪夜蛾近几年对我国的树木、农作物危害也很大。

如何有效使用农用杀虫剂?

(一) 根据害虫种类选准对应药剂

不同种类的害虫有不同的特性，要针对它们的特性来选择合适的杀虫剂。

(二) 采取混合用药

两种或两种以上的作用机制与作用方式不同的药剂混合使用，可以大大降低害虫的抗药性发生速度。

(三) 注意施药时间

要根据气候特点和害虫的昼夜活动规律，选择在有利的时间施药。施用农药时间以上午 9 ~ 10 时和下午 4 时以后为宜。因为上午 9 时以后，作物叶片上露水已干，又正是日出性害虫活动频繁的时候。在这个时候施药，既不会因为露水冲淡药液影响防治效果，又可使害虫与农药直接接触，增加害虫中毒机会。下午4时以后，太阳偏西，光照减弱，温度降低，而且正是黄昏时飞翔活动和夜出性害虫即将出动的时候，在这个时间施药，能提前将药剂施于作物上。待害虫在黄昏和夜间出来活动或取食时使其接触药中毒死亡，同时还可避免药液蒸发损失和光解失效。

（四）选择低龄幼虫

防治害虫时，最好是在3龄以前的幼龄时期施药，这时防效最好。这是因为在低龄时害虫体壁相对较薄、体小、食量小、危害轻、活动范围小、抗药力弱，而高龄成虫体内脂肪量增多，对有机磷农药有分解作用，脂肪含量越高，所显示的抗药性越强。由此可见，掌握害虫幼龄期及时施药，是提高防效的关键因素。

（五）注意用水量

不同用水量对杀虫剂的效果影响较大，特别是高温干旱季节应加大用水量。通过提高施药技术，如对症用药、适时喷药、选择机具、喷药到位等，尽可能提高杀灭效果。

（六）交替使用除害剂

为了提高农药防治效果，交替施用农药也是提高药效的必然途径，可以减少农药残留，降低土壤病害，延缓虫草因施用农药而产生抗性的时间。

尽管农用杀虫剂给我们带来了如此多的便利，但是我们也应当注意到杀虫剂在使用过后，容易残留在土壤之中，造成土壤污染，同时杀虫剂还会通过地下水、溪水进入河流，污染水资源，并且还会随着食物链富集在食物链顶端的生物体内。

（图：刘如如）

023

如何科学控制施药次数？

农户农药施用行为现状

引发农产品安全风险的最直接原因就是农业生产者在农药施用过程中的行为偏差和操作不当。国内部分地区农户施用高毒农药甚至禁用农药的现象普遍存在，并且在施药过程中没有采取安全防护措施，购买农药时农户更关注农药价格及成效。近年来，尽管农户盲目施药行为有所改善，但仍存在一些问题。

为什么要控制施药次数？

高毒农药的施用对人体危害极大，全球每年有 25 万人因农药失去生命。农药对人体的危害主要来自两个方面：一是由于用药农户不规范用药造成的急性或慢性中毒，严重者甚至会导致神经异常、生殖毒性和癌症。二是来源于农药生产工人的不当操作与给农户身体健康带来的危害。在美国，农药施用给整个国家造成了上百亿的损失，大田中的农药残留通过空气传播等多种途径扩散，对人体健康及生物传粉造成了严重不良影响。在一些发展中国家，由于不规范的农药接触行为，给农户带来了诸如头痛、皮肤发痒等症状，损害了农户的身体健康。在我国，韩洪云等研究发现安徽省稻农在施用农药的过程中经常发生急性中毒事件，并通过估算农户用药健康成本论述了不规范用药给社会带来的巨大损失。

不合理用药除了对人体造成危害以外，还对生态环境造成了恶劣影响，造成的环境问题十分严重。由于农田生态系统较为脆弱，致使施用在其中的农药更容易集散，从而导致农田发生严重的面源污染。由直接污染、间接污染、食物链富集与运输储存不当等因素造成的农药残留污染，尤其是有机氯和有机磷两类农药残留污染，给生态环境造成了诸多不良影响。有机磷农药残留大量进入水体中，引发水质污染，对水产养殖产业的发展危害极大。同时，有机磷农药会通过食物链进行传递，从而在人类等高级生物体内富集，损害生物体健康。

农户如何科学控制施药次数？

（一）用药量要准

适时适宜的用药量与适时施药是发挥药效的关键技术。用药量应根据农药使用说明书推荐的剂量，结合害虫的生长发育阶段和病害所处危害阶段来确定，实现单位面积内施用的农药剂量达到最佳效果。施用量少了，防治效果差；施用多了，将造成浪费、污染环境，甚至产生药害或二次中毒。适时用药是保证农药发挥作用的重要技术环节。害虫、杂草在不同的生长发育阶段和病原菌在不同侵染阶段，对农药的抵抗力（耐药力）有很大差别。

（二）提高施药质量

选择适当的施药方法（药械），提高施药质量。应根据农药作用机理、传导途径、剂型和病、虫、杂草危害特点与作物生育阶段，选择适当的施药方法和施药次数。无论选取哪一种施药方法，都要针对防治对象（靶标）做到均匀施药。均匀施药必须选择适宜的药械、适量的载体（对水、沙、土、肥数量）和认真操作，才能保证药剂覆盖密度和分布均匀度，以确保药剂应有的防治效果。

（三）农药使用遵循规则

（1）要根据不同防治对象，选择合适的农药。

（2）根据防治对象的发生情况，确定施药时间。

（3）掌握有效用药量，做到适时施药。

（4）根据农药特性，选用适当的施药方法。

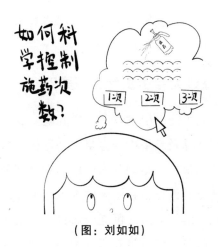

（图：刘如如）

024

如何科学控制施药剂量?

什么是施药剂量?

施药剂量指的是按农业要求施洒（撒）药液（粉）的数量。通俗地说就是应该给农产品喷多少药。不同的产品需要喷洒不同的药，药剂喷洒过多或过少都会引发一系列问题。

施药剂量不正确有哪些危害?

我国对农产品的农药残留限量标准是有严格规定的，不正确的施药剂量可能会引发一系列的食品安全问题。

（一）施药剂量过大会引发什么问题?

农产品用药量过大可能会引发农药污染问题。农药污染是指农药使用后残存于物体、农副产品及环境中的微量农药原体、有毒代谢产物、降解产物及杂质超过农药的最高残留限制而形成的污染现象。残留的农药对生物的毒性称为农药残毒，而保留在土壤中则可能形成对土壤、大气及地下水的污染。农药对环境的污染最终可能会通过生物富集效应集中在人体内从而引发安全问题。简单地讲就是农药会污染土地，人如果食用从被污染土地里面长出来的农作物或者是在被污染土地上生长的家畜对人体是有害的。

农产品用药量过大还会导致害虫、杂草等的抗药性增加。抗药性是指生物长期接触药剂后，其后代会对药剂产生耐受和抵抗能力。长期单一用药、随意加大用药量、喷洒药剂不均匀都会产生抗药性。害虫、杂草等抗药性提高后对我们农产品的种植有很大影响，简单地讲就是我们喷洒的农药对害虫、杂草这种对农产品有害的生物不管用了，还会影响农产品的产量。

农产品用药量增大还会导致农药残留。农药残留引起的危害是比较严重的，一般常见农药有有机磷、有机氯和氨基甲酸酯类杀虫剂等。有机氯农药主要有滴滴涕（DDT）和六六六（HCH），已被证实有致癌性并且可在人体内蓄积。部分农药可引起急性中毒从而危及生命，例如已经被我国禁售的百草枯，其毒性非常强，不但损害肾小管，导致蛋白尿、血尿，引起肾功能损害，而且极易引起进行性呼吸困难，最终导致呼吸衰竭而死亡，还会造成心、肝、肾上腺中毒，引起相应症状和体征。

（二）施药剂量过小会引发什么问题？

农药用量少也会造成一些问题，比如说除草剂用少了杂草除不掉，除虫剂用少了害虫除不掉。总之用药量少会导致药效不明显，从而造成农产品减产。

如何预防因施药剂量不当而造成的危害？

（一）掌握农药用量标识和计算方法

目前农业生产中常见的农药用量标识主要包括稀释倍数标识、亩用量标识以及百分比浓度标识三种类型，而常用的换算公式有：1 克 = 1 毫升，1 升 = 1000 毫升，1 斤 = 500 毫升。使用农药时要掌握稀释倍数计算方法、亩用量计算方法和百分比浓度计算方法。

（二）认真阅读农药的包装信息

根据农药包装通则，农药的包装上都会有品名、规格、净重、使用说明、注意事项等。我们在使用农药时，应该认真阅读使用说明，从而减少危害的发生。每个人的生命都只有一次，假如误食农药，一定要及时就医，遵从医嘱，不要延误病情。同时我们的种植者也应该承担起相应的社会责任，在喷洒药物时不能疏忽，坚决不能让不合格食材流入市场。

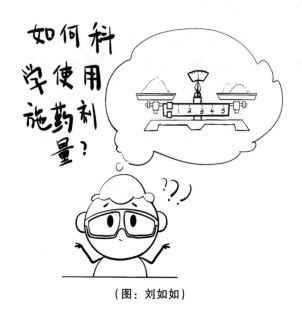

（图：刘如如）

025

如何减少农药残留？

农药残留限量值的标准是什么？

《食品中农药最大残留限量标准应用指南》共分为农药在各种食品中的最大残留限量和食品中各种农药的最大残留限量两部分，具体内容包括：阿维菌素、矮壮素、艾氏剂、胺苯磺隆、百草枯、百菌清、倍硫磷、苯丁锡、苯磺隆、苯菌灵等。食品中农药残留限量是根据我国农药残留试验及监测数据、我国居民膳食消费数据、农药毒理学数据等，经过科学风险评估后制定的。对规范科学合理用药、加强农产品质量安全监管、打击非法使用农药意义重大。

为什么不同农作物制定的标准不同？

一般有机农产品、绿色食品和无公害农产品，因为对所使用的农药以及使用方法都有严格的规定，农药残留相对较小，超标的情况少，相对比较安全。

小麦、水稻和玉米等粮食作物，由于生长期长，储存期也长，大部分农药残留会降解掉，而且又要经过加工和烹调，残留会进一步去除和降解，相对比较安全。

蔬菜和水果由于大部分是鲜食的，农药残留降解少，因此国家对蔬菜和水果使用的农药管理较严，除禁止使用高毒农药外，对允许使用的农药严格规定了使用技术和安全间隔期，正常生产中不会出现安全问题。

对于一些连续采收的鲜食蔬菜和水果，残留风险可能相对大一些。农产品都有农药残留，由于各国对农药及其残留进行严格的管理，符合农药残留标准的农产品都是安全的。因此，对于农产品的残留和安全性应当正确认识。

农民应该如何减少农药残留以符合限量值标准？

（一）种植过程中不要过于依赖农药

有很多人其实对打农药的理解有误区，打农药的目的并不是要将作物本身的病害治疗好，让作物痊愈变回健康的状态。我们打农药的目的是控制病害的持续发生，抑制病害大面积扩散暴发，把病害控制在最小的可控范围内，使病害快速停止扩散，所以当发生严重的叶部病害时，我们应该在第一时间把这些带有病原体的植株带到外面并销毁。

（二）改变传统的浇水方式

有条件的话尽量将传统的大水漫灌模式改为滴灌模式，因为有很多的土传病害，都是通过漫灌水流进行传播的，而且水流传播的面积大，速度快，治疗起来会非常吃力，严重的话可能会造成大面积的经济损失。改为滴灌的浇灌方式，这种大面积的土传病害问题就基本解决了。虽然投入的资金会比大水漫灌高一些，但是这完全是一劳永逸的办法。

（三）使用农药应按照说明严格控制用量

目前中国农药过度使用很大原因是农民使用过程中为追求更高的那一丁点药效而翻倍甚至翻几倍使用，导致病害抗药性迅速增强，用量随之也更大。所以在更换一种农药后，尽量按照说明用量使用，打过量的农药，其实防效也强不了多少。

（四）防治虫害并不一定要使用农药

对于虫害，许多人只知道需要打农药来杀灭害虫，其实还有一些更好的方法，不仅对环境友好，效果也不错。如灯光诱杀技术、性引诱剂诱杀技术、释放天敌控制害虫、利用诱虫植物诱杀害虫等。

（五）尽量不要用手去触摸我们的农作物

在田间发现已经出现病害问题的时候，不要用手去触摸病叶或病枝，否则手部就成为病害的源头，再去触摸别的作物或接触浇地的水源就会造成病源的传播和扩散，造成大面积的感染，尤其注意如果是幼苗甚至会造成不可挽回的损失。

（图：王乙卜）

026

如何防治农业污染衍生的
农产品的二次污染？

什么是农业污染衍生的农产品的二次污染

农业污染衍生的农产品的二次污染顾名思义是指在农业生产的过程中，在我国耕地污染点位超标的情况下，农产品会被大量农药、铅、砷等有害物质污染，而这些农产品经过销售链到达消费者手中后，少量化学污染便长期通过食物进入人体，造成许多慢性健康危害，这就是农业污染衍生的农产品的二次污染。

农业产品衍生的农产品的二次污染有什么危害？

一次污染物又称"原生污染物"，是由污染源直接或间接排入环境的污染物，如排入洁净大气和水体内的化学毒物、病毒等，是环境污染的主要来源。二次污染物是指排入环境中的一次污染物在物理、化学或生物的作用下发生变化，或与环境中的其他物质发生反应所形成的物理、化学性状与一次污染物不同的新污染物，又称继发性污染物，如一次污染物二氧化硫在空气中氧化成硫酸盐气溶胶，汽车尾气中的氮氧化物、碳氢化合物在日光照射下发生光化学反应生成的臭氧、过氧乙酰硝酸酯、甲醛和酮类等二次污染物。

农产品的二次污染也是同理。农产品的一次污染是由于污染物由污染源直接排入环境所产生的污染，一次污染是相对于二次污染而言的，是环境污染中的主要污染类型。而在农产品的生产中由于一次污染物进入了农产品的生产途径里，大量农药、铅、砷等有害物质进而污染了农产品，农产品最后经由消费链到达消费者的手中，经食用进入人体之中。各种被污染的农产品进入了人体之中就会在人的身体内积蓄，而经长年累月的积累后，长期积蓄的大量污染物就会对人的健康造成各种危害，而由于是长期积累，这些污染物引起的疾病基本上难以治愈。

如何防治农业污染衍生的农产品的二次污染？

首先明确一点农业污染衍生的农产品的二次污染之所以被称为二次污染就是因为它在农产品生产过程中就遭受过一次污染，才会在经由消费链之后被人体摄入，与人体内的其他物质结合进而演变成二次污染。故我们应该从源头上抓起，直接防治一次污染来遏制二次污染的发生。而对于农产品的一次污染的防治，有以下四点措施：

（一）严格控制畜禽养殖污染

针对全国畜禽养殖业发展较快、污染日益严重的状况，大力推行生态养殖模式，鼓励对畜禽粪便实行综合利用，做到减量化、无害化、资源化；发展养殖小区，实行人畜分离，引导养殖户向小区聚集；根据环境的承受能力适时控制养殖规模，设立禁养区、限养区和非限养区，对新建、改建养殖设施实施"三同时"和排污许可制度。

（二）科学施用农药和化肥

大力推广农作物病虫综合防治技术，建立安全用药制度，推广高效低毒低残留农药，开展以虫治虫、以菌治菌等生物防治示范，采取诱杀等农业防治措施，尽量减少农药使用量；大力推广测土配方施肥及秸秆综合利用技术，增加有机肥施用量，减少化肥用量，提高肥料利用率；结合农业发展状况和农村经济结构调整农业结构，积极发展生态农业和有机农业，大力建设无公害农产品、绿色食品、有机食品生产基地，加强管理，减轻农业面源污染。

（三）加强无害化处理污染物力度

在农村积极推行"一池三改"，加快沼气等可再生能源的推广应用；加快沼气发电、垃圾焚烧发电工程建设，建设必要的污水和垃圾处理设施，因地制宜抓好农村生活污水和垃圾处理，做到达标排放。

（四）高度重视农村饮用水源保护

加强城镇和农村人畜饮用水源地规划建设，制定严格保护措施，加强饮用水源保护区管理，切实保障农村人畜饮水安全。

经由这四种措施就可以很好地防治农产品的一次污染从而达到阻断二次污染发生，使二次污染造成的危害远离人类。

（图：王乙卜）

027

土地复肥对农业质量有何影响？

什么是土地复肥？

经调查显示，现代的土地含肥力较以前有大幅下降。究其原因，是现代粗放的耕作方式导致土壤的通透性变差，土壤的颗粒缝隙变小了，土地的蓄水和保肥能力下降。还有大量使用地膜（塑料薄膜等白色污染物会破坏土壤结构且产生毒素）和施肥不当（盲目施肥和不合理施肥导致肥料利用率低，造成肥力下降）等原因。由此可知，土地复肥就是指通过科学与合理的方式使土地恢复肥力为农业的发展提供优质的土壤。

（一）土地复肥的途径

（1）推广秸秆还田技术。秸秆还田就是将秸秆直接或堆积腐熟后施入土壤的方法。秸秆腐化之后可以转化成有机质和速效养分，这样可以改变土壤的结构，使土壤孔隙度增加，促进植物根系的发育，土地增肥增产作用明显。

（2）科学施肥技术。不同的作物在不同的时期需肥量不同，所以要选用符合作物生长规律的专用肥，而且施肥要讲究科学的方法。采取条施、撒施、冲施、环施等施肥的方法来提高肥料的利用率。

（3）对种植牧草、豆类等进行固氮。土壤中的含氮量提高，土地的肥力也会提高，进而增加土壤肥力。

（4）减少地膜使用。在积温充足的地区尽量减少地膜的使用，如果必须使用，则尽量选用双解膜，这样就可以降低对环境的污染。

（5）采用"轮耕＋养殖"的生态循环农业模式。农作物的秸秆是牲畜的食物，牲畜的排泄物可以为土地增加肥力。循环农业在提高土壤肥力的同时还减少了对环境的污染，是进行土地复肥的高效方法。

什么是农业质量？

农业质量既是指农产品质量，也是指农业供给体系质量和农业产业发展质量，在这其中最重要的就是农产品的质量。随着社会的进步和发展，人们的生活水平逐渐提高，对农产品的需求也在不断上升，与此同时农产品质量安全问题也变得尤为重要。保证农业质量的途径主要有：

（1）提高土壤的肥力。农产品的质量最根本的就在于土壤为其提供的肥力，即土地复肥。

（2）科学使用农药、化肥及其他农产品投入品，严格把控农产品生产加工标准化流程。不要盲目使用化肥和农药，保证农产品在源头上的安全。开发和推广有机肥料、秸秆堆肥等方法。这样不仅可以减少对环境的污染，还可以提高土壤的肥力，从源头上保证农产品的质量。

综上所述，保证农业质量的重要方法就是提高土壤的肥力，这样就可以提供给农产品最好的生存环境。

生物有机肥对农业有什么影响？

（1）提高作物产量，改善作物质量。生物有机肥会释放大量的营养物质，增加土地的肥力。既可以为农作物的发展提供优质肥力，还可以提高作物产量、增加农作物的质量。

（2）提高土壤的肥力，改善土壤理化结构。生物有机肥直接影响着土壤的保肥力和保水性，使用生物有机肥可以大幅提高土壤保肥力和保水力。

（3）增加土壤向农作物提供营养的能力。生物有机肥中的固氮物质可以使养分被农作物直接吸收。

（4）减少或降低植物病虫害的发生。生物有机肥中含有非病原微生

物菌体，在防治植物病毒方面有很大作用。

土地复肥对农业质量有何影响？

　　土地是农作物生长的根本，所有农作物的生长过程都是在土地里进行的。因此土地复肥对农业质量有非常重要的影响。土地是农作物产生的源头，土地复肥无疑就是在源头上给农作物的生长提供了一个优质的生长环境。

　　土地复肥对提高农业质量的作用尤为重要，基于上述的观点，我们要将土地复肥置于保障农业发展的中心位置。土地复肥关键是要从农户种植方法着手。

　　（1）农户在种植过程中要改变以往不合理使用农药和化肥的方式。在种植过程中尽量不使用农药和化肥，多使用生物有机肥，生物有机肥的使用既可以提高土地的肥力，也可以减少对环境的污染。如果不可避免的话，就采取科学合理的方法使用农药和化肥。

　　（2）也可以采取新型的农业生态循环模式，采取轮耕和养殖的方式。

　　（3）还可以采取秸秆还田的方式，对于农户来说，这是最简单又方便的方式，在提供方便的同时还可以提高土地肥力。

　　诸如上述几类种植方式可以在最大程度上恢复土地的肥力，为农业的发展提供好的发展环境。当土地的肥力恢复之后，农业的质量就得到了最根本保证。

（图：王乙卜）

028

如何培育绿色健康的大棚作物？

什么是温室大棚种植？

温室栽培是指利用能保、加温、透光的设备及相关的技术措施，人为地创造适宜植物生长的小气候环境，以保护植物御寒、御冬或促使生长和提前开花、结果。温室种植分为透光大棚和密闭大棚两种。前者用来栽培无特殊光照要求的作物，后者则用以培育无须光照或追求 24 小时人工光照的作物。温室大棚种植的出现打破了植物生长的地域、时空限制，满足了农业作物周年连续供应的需求。现代化温室占地面积大，采用连通结构，温室内通常安装控温器、日光灯、遮光板、通风系统、自动灌溉施肥系统和二氧化碳发生器等设备以调控温室内部环境条件，创造出适宜植物最佳生长发育的环境。

温室大棚种植的缺点有哪些？

虽然温室大棚种植对农业有较大帮助，但由于温室大棚本身设施的不足之处，它依旧有许多缺陷。

（1）光照不充分，不均匀。温室大棚内由于采用灯光照明代替日光，难以达到太阳光线的"平行照射"效果；透明大棚膜则会对太阳光线有一定吸收折射效果，使室内作物受光不均，生长效率参差不齐。

（2）温差大。温室大棚通常是密封结构，热量交换能力有限，当外界长时间光照或长时间无光照时，大棚内往往会产生露天栽培不能达到的

超高温或超低温，致使大棚作物集体死亡。

（3）空气湿度大。温室大棚的通风缺陷使得作物呼吸作用产生的水蒸气聚集，难以扩散，在大棚内形成高湿环境，不利于喜旱作物的生长，同时可能造成作物根系腐烂、微生物病菌大量繁殖等。

如何培育绿色健康的大棚作物？

当前市面上已有大量的温室大棚作物出售，但消费者往往更愿意选择普通的露天种植作物，导致采用了温室大棚种植农作物的农户收入降低。针对此种情况，以下建议能帮助农户在温室大棚种植方面有所改善，产出高产量、高质量、高销量的农作物：

（1）辨别作物种类，避免盲目种植。温室大棚的确能对作物生长助力，但并非所有作物都需要温室大棚种植。农户在进行生产准备时，需要充分了解种子的作物类型、光照水分需求及生长周期，做到温室大棚种植"因类而异"，为不同的作物分别创造最合理的人工环境。

（2）勤检查，勤管理。虽然温室大棚为作物创造了良好的生长环境，但这并不意味着农户可以高枕无忧。在作物生长期，农户需每天进入大棚进行光照、湿度、虫患的检查，对缺乏光照、生长不良的作物进行位置调整或额外培育以此来保证大棚内的环境稳定适宜，作物高产高收。

（3）摆正心态，杜绝使用不良肥料及农药。温室大棚之所以能够提高作物产量，是因为它为作物生长提供了最适宜的环境。农户不能为了追求生长效率最大化而进行违规肥料的使用，而应将精力花费在温室大棚环境的维护和调整上；同时为了避免温室大棚成为害虫生长的"温室"，农户在土壤选择和作物栽种时，应充分检查、筛选，将害虫和虫卵阻拦在温室大棚之外，从根源上杜绝大棚内使用农药的出现。

（4）错季供应，提高收入。温室大棚的优势在于其环境的稳定和可控。农户可以利用这一优势，在冬季与市场淡季生产市面上短缺的作物，以此提高销售量，获取更多收入。

（图：王乙卜）

029

怎样种植大棚农产品？

什么是大棚农产品？

大棚农产品是指在大棚上覆盖塑料薄膜所种植出来的农产品，可人为控制农产品上市季节。采用大棚覆盖塑料薄膜种植农产品，就是人为地创造适宜的生态环境，调整农产品生产季节，调节市场供给，促进农产品优质高产，是增加农民收入的有效手段之一。

为什么要种植大棚农产品？

农业生产越来越离不开大棚，它不仅可以抵御自然灾害，抗旱涝，还能提早或延后栽培，延长或缩短作物的生长期，达到早熟、晚熟、增产稳产的目的。大棚种植成为发展农业多样性的途径之一，受到了越来越多农业生产者的青睐，同时随着我国社会经济的发展，种植者的老龄化问题也比较突出。我们通过引进欧美发达国家的机械化设施和园艺技术来进行设施农业技术的本土化升级改造取得了十足进步的成绩。传统的农产品种植

会由于天气和季节的变化而受到限制，然而随着社会的发展和科技的进步，大棚种植技术摆脱了传统农业种植过程中出现的季节性，并使得农产品的栽培种类更加多样化。特别是我国的东部和北部地区，气候条件恶劣，冬天由于极端低温无法种植任何作物。随着大棚种植技术的出现，大量的农产品可以利用大棚种植，这不仅大幅提升了农民的收益，同时也为当地的消费者提供了更加优质的农产品。再加上大棚内部属于封闭环境，十分方便进行人工环境调整，因此对于农产品质量控制具有十分突出的作用。

怎样种植大棚农产品？

（一）合理搭建大棚

大棚种植农产品的重要环节之一是大棚搭建，搭建大棚时要选择南北朝向、膜面向阳、地块土壤肥沃、排水良好且能够避风的区域。通风口的选择要根据大棚的实际走向和当地的季节风向使用上下式或左右式通风口，以保证室内良好通风，提升农产品的培育质量。大棚应当选择钢结构框架并覆盖塑料薄膜的方式。钢结构材料具有很高的强度，再搭配质量轻、高延展性且隔热能力强的塑料薄膜，能够在保证透光性和保温能力的前提下尽可能地减轻自重。在大棚薄膜外侧，可以使用稻草垫作为夜间和冬季的保温设备，稻草垫的成本低廉，但保温效果极佳。同时，搭建大棚时要注意大棚的质量，以防止由于极端恶劣天气如暴雨和冰雹等破坏大棚，造成损失。

（二）选择良种农产品

在选择农产品品种方面，若是错误地选择了与当前地理环境不相符的农产品品种，则会导致产量降低或农产品质量不佳。由于大棚种植是一种密闭性的种植方式，一旦出现病虫害，则会立刻在小范围内快速传播，因此在选择品种时要选择高抗病性的品种。再加上大棚内的可用种植面积有限，因此要选择产量更高、植株较低的品种，以节省空间。在种植农产品时尽量选择反季农产品,使经济效益最大化。同时要设计好农产品的轮作顺序,以防止土地疲劳。

(三)合理的肥水管理

大棚农产品的生长离不开人工施肥和灌溉。由于大棚受到塑料薄膜的隔离,因此无法接收到雨水灌溉,人工灌溉和施肥便成为植物获取养分的唯一方式。在进行肥水管理时,要注意施肥量既不能少也不能多。建议在每次作物收获后,准备种植新作物之前对土壤进行保养,用科学的方式在土壤中使用缓效肥料,包括矿物质肥、长效复合肥等,并清除板结和盐碱化严重的土壤,以保证作物能在最佳的肥水管理条件下稳定增产。要将棚内的温度控制在25℃~28℃,并保证相对湿度在65%左右,这样才能确保农产品的长势最旺。

(图:王乙卜)

作物育种有哪些方法？

什么是作物育种？

作物育种是指改良作物的遗传特性，以培育高产优质品种的技术。它的别称是作物品种改良。它以遗传学为理论基础，并综合应用了植物生态、植物生理、生物化学、植物病理和生物统计等多种学科知识。

作物育种有什么意义？

育种的根本目的是培育具有优良性状，即抗逆性好、品质优良、产量高的新品种。作物育种可以很大地促进农业的发展。

首先，作物育种对于提高作物产量有重要作用。例如，我国杂交水稻的育成，为大幅提高中国和世界的稻米产量作出了重大贡献。

其次，作物育种可以增强植株的抗性。巴西育成的抗酸性土壤铝害的小麦品种、美国育成的可用纯海水灌溉的耐盐大麦等，都说明了育种在增强作物抵抗不良的土壤、水利条件等方面的巨大潜力。

最后，作物育种可以提高农产品的生产效率。选育株矮秆壮、穗层整齐、成熟一致、不易落粒的谷类作物品种可大大提高机械化收获的效率。

作物育种有什么方法？

育种方法综合考虑根据当地品种的现状和育种基础，以及自然环境、耕作制度、栽培水平、经济条件等因素才能确定，并需随着生产的发展而不断加以调整。常见的育种方法如下：

（一）杂交育种

不同个体间杂交产生后代，然后连续自交，筛选所需纯合子得到优良品种。它可以使同种生物的不同优良性状集中于同一个个体。例如烟草很容易自交和人工杂交，一次传粉便可获得大量种子；而大豆和花生则因人工杂交较为费事，育种方法就不能如烟草那样灵活多样。此外，水稻、烟草、番茄等自交作物和高粱、棉花等常异交作物也可利用其杂种优势。

（二）多倍体育种

使用秋水仙素处理萌发的种子或幼苗使染色体变异，得到的植株产量高，培育出的植物器官大。目前多倍体诱导育种工作在农作物、果树、蔬菜、花卉等的品种选优，创造新的种子资源等领域应用广泛。在自然条件下，机械损伤、射线辐射、温度骤变，以及受一些化学因素刺激，都可以使植物材料的染色体加倍，形成多倍体种群，得到所需的植物性状。

（三）单倍体育种

花药离体培养获得单倍体植株，再人工诱导从而染色体数目加倍，它可以明显缩短育种年限，加速育种进程。如油菜和亚麻的双胚苗中经常出现单倍、品种间杂交，马铃薯、苜蓿、烟草和杨树的种间杂交也可能产生单倍体。将一定发育阶段的花药、子房或幼胚，通过无菌操作接种在培养基上，使单倍体细胞分裂形成胚状体或愈伤组织，然后由胚状体发育成小苗或诱导愈伤组织发育为植株。此外对大麦、小麦还可利用将球茎大麦花粉授予普通大麦或小麦，授粉两周后将幼胚置于培养基上进行离体培养的方法。

（四）转基因育种

经过目的基因的获取、基因表达载体的构建、将目的基因导入受体细

胞、目的基因的检测与鉴定等操作，完成育种工作。而转基因育种主要有三种方法：首先是农杆菌介导转化法，人们将目的基因插入到经过改造的T－DNA（转移脱氧核糖核酸）区，借助农杆菌的感染实现外源基因向植物细胞的转移与整合，然后通过细胞和组织培养技术，再生出转基因植株。其次是花粉管通道法，在授粉后向子房注射含目的基因的DNA溶液，利用植物在开花、受精过程中形成的花粉管通道，将外源DNA导入受精卵细胞，并进一步地被整合到受体细胞的基因组中，随着受精卵的发育而成为带转基因的新个体，如转基因抗虫棉。最后是基因枪法，利用火药爆炸或高压气体加速，将包裹了带目的基因的DNA溶液的高速微弹直接送入完整的植物组织和细胞中，然后通过细胞和组织培养技术，再生出植株，选出其中转基因阳性植株即为转基因植株。

（五）细胞工程育种

用两个来自不同植物的体细胞融合成一个杂种细胞，并且把杂种细胞培育成新植物体，可以克服远缘杂交不亲和的障碍，培育出作物新品种繁殖优良品种。细胞工程育种包括以下几个途径：第一，组织培养，组织培养需要在无菌环境下进行，让植物的组织和细胞在培养基上进行细胞分裂、愈伤组织分化与生长发育，重新生成新的植株。第二，体细胞培养，它可以利用种子发芽后的胚轴、子叶或植株叶片、茎秆等体细胞进行培养，对愈伤组织和胚胎再生经引导后形成胚状体，再进一步引导形成新的植株。第三，原生质体培养，植物原生质体是指采用特殊方法脱去细胞壁后剩下的细胞膜、细胞质和细胞核等物质。这种细胞原生质团，仍然具备细胞的特性，细胞的结构和生命活力也正常。如果遇到合适的环境，也能够形成细胞壁，细胞再发生分化后，重新生成新的细胞和器官，进而发育成完整的植株。第四，体细胞杂交技术，是将两种不同的植物细胞除去细胞壁，然后再将这两种原生质体相融合，形成杂种细胞，这样的细胞具有两个细胞的染色体，两种植物细胞的染色体进行融合，重新生成新的不同物种，再经过选择后，可以创造出新的品种。

（六） 植物激素育种

在未受粉的雌蕊柱头上涂上一定浓度的生长素类似物溶液，促使子房发育成无子果实，促进作物发育，提高果树产量，但需注意的是植物激素育种只适用于植物。无子番茄就是用此方法培育而成。此外，在植物生长期间，根据植物的不同激素的功能，例如，乙烯可以促进果实成熟、赤霉素可以促进植物长高长大等。在合适的时间，对植物施加一定浓度的植物激素，可以促进植物正常生长。

（七） 诱变育种

用物理因素，如紫外线、激光或化学因素，如亚硝酸、硫酸二乙酯来处理生物，使其在细胞分裂间期 DNA 复制时发生差错，从而引起基因突变得到符合要求的个体，可以提高变异频率、加速育种进程、大幅度改良某些性状。利用物理因素或者化学因素处理植物，可以诱导植物基因发生改变，从而使植株产生新的性状，如太空椒，就是将普通甜椒的种子带到太空，经过太空漫游，在太空的条件下诱发突变，再种植选择所需优良品种而得到的。除此之外，还有高产小麦、彩色小麦、太空稻等。

（图：王乙卜）

031

怎样科学嫁接作物？

什么是嫁接作物？

人类的生产和生活离不开各种各样的农作物，当自然界原有的农作物产品不足以满足人类生产生活的需要时，人类便开始了对各种各样农作物是否可以进行有机结合以获取更多产品的研究，而嫁接作物的出现便恰好满足了人类的这一需要。嫁接，是植物的人工营养繁殖方法之一，即把一种植物的枝或芽，嫁接到另一种植物的茎或根上，使接在一起的两个部分长成一个完整的植株，其所生长出来的作物即为嫁接作物。嫁接时，接上去的枝或芽，叫作接穗；被接的植物体，叫作砧木或台木。嫁接作物的性能要优于一般作物，才能保证在人类耗费人力、物力后可以获得其更高的价值。利用价值高的嫁接作物不仅要求其产物性质优良，可以带来高效益，还要求其嫁接技术较低，可以被大多数农户所采用。

嫁接作物出现的意义

（一）保持和发展优良的种性

异花授粉植物种子繁殖后代，一般不能保持母本原有的特性。因为种子具有父本和母本的双重遗传基因，其后代性状会发生性状分离。为了保持母本品种的特性，用优良品种上的芽或枝，嫁接在有亲和力的砧木上，由接穗长成地上的植株。这样可以保持母本的优良特性，并且生长结果整齐一致，形成具有较高经济价值的无性系品种。

（二）实现早期丰产

无论是什么树种，用种子繁殖，其后代结果都比较晚。实生播种的果树之所以结果晚，是由于种子发芽后长出新苗，必须生长发育到一定的年龄才能进入开花结果期。而由于嫁接所用的接穗都是从成年树上采取的枝和芽，把他们嫁接在砧木上，成活后的枝条已经具有成年树的发育特点，故能提早结果。

（三）提高抗性

1. 提高果树的抗性

嫁接法可以利用砧木提高植物的抗旱、抗寒、耐涝、抗盐碱和抗病虫害的能力。

2. 提高果树林木抗性

例如，桂花利用流苏做砧木可以提高抗寒力和耐盐性。

（四）挽救垂危大树

一些名贵的果树或者古树的主要枝干或根茎部位受到病虫危害后，容易引起树皮腐烂，如果不及时的抢救，就可能造成大树的死亡。对此常采用嫁接法，使上下树皮重新接通，从而挽救大树。

（五）快速育苗

嫁接其实也是一种快速繁殖无性系的手段。只要能嫁接成活，一个芽就可以发展成一棵树。一棵优良的植株，通过嫁接，就可以发展成很多棵树。因此，嫁接是无性繁殖中最重要的一种方法。

怎样进行科学嫁接？

嫁接的方法很多，常见的主要是皮下接、芽接、劈接、舌接等。

（一）皮下接

可用皮下接的方法来嫁接，选择较粗的砧木，需 3 ~ 5 年生，基部的直径 0.8 ~ 2 厘米以上，接穗可选择 1 年生枝条，将插穗剪成 15 厘米左右。先将砧木截断，然后选择树皮光滑的一面，用刀垂直切开皮层至木质部，插穗上也截断削出小斜面，将接穗削面的形成层对准砧木形成层，然后插入进去，用塑料袋包扎紧实。

（二）芽接

芽接可在夏季 6 月下旬进行，选择好枝条，从上面挑选健壮饱满的主芽，在主芽上方横切一刀，然后在芽下面削一刀，之后剥下芽皮片。在砧木离地面 5 ~ 10 厘米处，可选光滑的一面横切，在横切口的中间向下切出丁字形，将芽片插入进去。

（三）劈接

劈接的方法适合不同粗细的砧木，但应以直径 1.5 厘米以上的大砧木为好。剪取一根插穗，插穗下端两面均削成 3 厘米长的斜面，然后插入到砧木的切缝中。如果砧木较粗，可以促使砧木和接穗紧密贴合，如果砧木比较细，可进行捆绑。

（四）舌接

这个方法常用于砧木和接穗一样粗的情况，将砧木剪留 8 厘米左右，将接穗上下端削成 3 厘米左右的马耳形斜面，在砧木与削面接近平行处切入一刀，将接穗和砧木相互嵌合。

（图：常小雨）

032

怎样低位嫁接茶树?

（一）培育接穗

接穗健壮是成活的关键。首先选好优良品种加强培育，可将春季萌发的新梢培养成健壮的枝条，待枝干呈红褐色，叶片深绿时即可剪枝作接穗。

（二）嫁接时间

茶树嫁接时间没有严格要求，一年四季均可进行，但6月前后最为适宜。若利用农闲嫁接，可留夏、秋茶新梢枝条，然后在11～12月进行，这样便不会影响春茶采摘。

（三）嫁接方法

（1）选择半木质化、茎红棕色、枝条粗壮、叶片完整的老熟枝条剪作接穗。要求边剪边运至削穗地点，摊放在阴凉处，洒足清水，防止失水影响成活率。

（2）接穗剪成长 3～4 厘米，留 1 个完整叶片和叶芽，在接穗叶柄下端 1.2～1.5 厘米处，用锋利的电工刀或水果刀，将接穗茎两边各削 1 刀，削面要求平滑，随后置于盛有水的桶中。削穗工作，切忌在阳光下进行。

（3）砧木要整齐地剪去地上部所有枝条，从中选取符合要求的生长健壮的茎干，直径为 0.6～2.5 厘米，每丛选 8～10 个。在选好的砧木上，用电工刀和小铁锤将砧木劈开，深度为 3 厘米左右，随即将削好的接穗插入隙缝。插穗时，要特别注意输导组织的畅通和愈伤组织的形成。为尽快成园，每丛至少要嫁接 10～12 穗。嫁接之后不进行捆绑，以培土代绑，即用细碎土，将嫁接部位埋入土中，培土至叶柄基部，边培土边用手轻轻压实，将叶片和腋芽露出地表。

（四）接后管理

加强接后管理，是嫁接换种成功不可忽视的重要环节，管理重点是浇水、遮阴、保温、抹芽、剪枝。不同时期嫁接，管理上各有侧重。夏季以遮阴和浇水管理为主，冬季以薄膜保温为主。其具体方法如下：

（1）6 月前后嫁接的如遇晴天，需早晚各浇水 1 次，土壤保持湿润为度。1 个月后隔天浇 1 次，当腋芽达 3～4 叶时便可停止。

（2）6 月前后嫁接的，要盖两层黑色遮阳网；11 月以后嫁接的，先盖一层，面上再盖一层农膜保温保湿。

（3）接后应及时清除杂草，成活后追肥，可每亩开沟撒施尿素 10 千克。

（4）砧木所萌发的不定芽，要及时抹去，不能在砧木上形成枝条。一般要抹芽 3～4 次。当接穗已长成茂盛的树冠，并拥有浓密的叶层，砧木的不定芽能完全被抑制时，抹芽方可停止。

（5）当接穗长到 1 芽 4～5 叶、高 10～15 厘米时，应及时将荫棚揭掉，加强光合作用，促进生长。

（6）当接穗长到 25 厘米时，应在 20 厘米处摘除顶芽，以打顶代剪，

促进分枝。当高度达 45 厘米时，离地 35～40 厘米平剪，以后逐步提高高
度进行弧形修剪，扩大采摘面。

（图：常小雨）

033

如何使农村土地实现可持续种植？

什么是可持续种植？

（一）持续种植的概念

从生态上来说，是农户运用科学的种植方法使土地长期保持良好的生

产力和生态稳定性。换句话来说，是农户运用科学的种植方法"保养"土地，其核心就是尽力避免土地肥力被消耗、避免遭受无可挽回的破坏、避免其成为一块无法被利用的荒地的局面。

（二）可持续种植与我们生活密不可分

土地资源是人类社会赖以生存和发展的最基本的物质基础。如今，放眼整个世界，地球上的人口越来越多，城市越来越发达，我们面临的问题有两个：一是耕地面积变少；二是土地产量下降。土地可持续种植能保存现有耕地的面积，保持土地的产量稳定，这两点能有效解决耕地和现代工业的冲突。要想实现人类的幸福生活，就必须实现土地可持续种植。

可持续种植目前遭遇的问题

第一，燃烧桔梗是一个屡禁不止的问题。农民收割完稻子后，麦秆就堆放在田野里，麦秆质量重且体积大，农民搬运不仅需要耗费大量体力，而且搬运回家并没有较大用处。因此，农民只好将麦秆就地燃烧，这样既省事，还能暂时增加土地肥力。然而实际上，麦秆燃烧带来的高温会对土地造成灼伤，会杀死土地里面的微生物，从而破坏土地的生态系统，对土地造成无可挽回的伤害。

第二，过度施用含磷肥料和农家肥也是一个令人头疼的问题。农民们迫切地期盼好收成的心情可以理解，但是过度施肥、一味地揠苗助长并不可取。

例如过度施用含磷的肥料，其中含有的一种化学元素——磷酸钙，会和土壤里的锌产生作用，从而产生磷酸锌沉淀，这样会导致作物无法吸收，出现明显缺锌症状；土地碱化后，会影响作物吸收锌元素的效果，从而引起俗称的"小叶病"，也就是一般意义上的生长发育迟滞。

又比如说施用未经处理的农家肥，其中含有大量微生物和重金属，如大肠杆菌、线虫等病原体和害虫。微生物和重金属深入土壤，难以根治，从而对土地造成无法挽回的伤害，并且它们带来的病虫害传播和农产品重金属超标，最终会对人类自身造成重大伤害。

解决措施

解决燃烧麦秆的问题仅凭农民个人的力量是无法实现的，需要依托于政府的力量。同时，农民自身也应认识到麦秆燃烧的危害，增加科学知识，积极响应政府号召。下面介绍几种正确施肥的方法。

（一）正确施用氮肥的方法

1. 根据地区降雨特点以及不同氮肥特性加以区分

例如我国南方是多雨地区，因此最佳的氮肥就是铵态氮肥。铵态氮肥易溶于水，作物能直接吸收利用，且易于吸附，不易被冲刷流走；而在少雨地区或少雨季节，则适合施用硝态氮肥，硝态氮肥在土壤中移动性强、肥效快，是旱田的良好追肥。

2. 氮肥宜深施

氮肥深施可以减少肥料由于直接挥发、随水流失、硝化脱氮等原因而造成的损失。深层施肥不仅有利于根系发育，使根系深扎，扩大营养面积，而且也有利于避免过度施用氮肥的局面。

3. 合理配施其他肥料

氮肥与有机肥配合施用，对保证作物高产、稳产、降低成本具有重要作用，这样做不仅可以更好地满足作物对养分的需要，而且还可以培肥地力。例如氮肥与磷肥配合施用，可提高氮、磷两种养分的利用效果，尤其在土壤肥力较低的土壤上，氮、磷肥配合施用效果更好；在有效钾含量不足的土壤上，氮肥与钾肥配合使用，也能提高氮肥的效果。

4. 因地制宜，因物制宜

根据作物的目标产量和土壤的供氮能力，确定氮肥的合理用量，并且合理掌握底肥、追肥比例及施用时期，还要因具体作物而定，并与灌溉、耕作等农艺措施相结合。

（二）正确施用农家肥的方法

农家肥中含有不少微生物，当我们要施用农家肥时，可以往其中添加一些化学用品来进行中和。例如以下实用的方法：

（1）鲜牛粪中添加黄豆浆法：每100公斤鲜牛粪中添加25公斤黄豆浆，放在缸内搅拌均匀，在25℃气温下密封3~6天，其肥效比等量的氨水还高，不过要注意施用时需兑水2~3倍。

（2）人粪尿中添加过磷酸钙法：每100公斤人粪尿中加入5公斤过磷酸钙，搅拌均匀，存放5~10天。经化学反应，能使人类尿中易挥发的碳酸铵转化成性质稳定的磷酸铵，从而能有效地防止氮素的挥发流失，增加人粪尿中的磷元素，提高肥料的质量，达到以磷保氮的效果。

（3）人粪尿中添加硫酸亚铁（绿矾）法：每100公斤人粪尿加入500~600克硫酸亚铁，可使人粪尿中的碳酸铵转化为性质稳定的硫酸铵，起到保肥除臭、防止氮素挥发流失的作用。

（4）厩肥、堆肥中混配过磷酸钙法：在堆肥、厩肥中加入20%的过磷酸钙搅拌均匀，堆放20~25天，可防止厩肥中氮素的挥发流失，加快厩肥、堆肥的腐熟过程，增加有效磷含量，提高厩肥、堆肥的质量。

（5）沤制堆肥添加碳酸氢铵法：将农作物茎秆切成5~10厘米长的短节，加入占茎秆总质量1%的碳酸氢铵，再加入适量的人粪尿建堆，然后用泥浆覆盖密封，腐熟后便成为高效的生物钾肥。

以上这些科学的方法不仅能高效使用氮肥和农家肥，还能使土地保持良好的生态稳定性和生产力，从而免受污染和伤害。

（图：常小雨）

034

如何科学种植玉米？

玉米是我国重要的粮食作物和饲料作物，玉米按种植时间分为春玉米和秋玉米。春播成熟期需要 120 天、夏播 90 天左右成熟。春播玉米 5 月 10 日以后播种，8 月 20 日左右收获。夏播 6 月 20 左右播种，10 月 5 日左右收获。收获时间与当地的管理、水肥条件有关。接下来以河南秋玉米为例，播种过程可分为：整地—选种—栽种—定苗/密植—施肥/农药—收获。

（一）整地（种前的土地养护）

土壤含水量是玉米苗质量的关键。含水率好，则土地平整，播种深度易一致，秧苗整齐均匀。播种前土壤水分的一个重要组成部分是土壤水分

的调节，小麦收获后往往发生季节性干旱，这可能使玉米播种过程中的水分含量非常少。一般在播种玉米后浇水，如果播种时土壤含水量相对较高，也可以不用浇水。

（二）选种（种子处理）

种植玉米时，根据各地光热资源条件，科学品种布局，合理熟期搭配。要选用具有高产潜力、耐密紧凑、大穗型的中晚熟品种，保证抗倒性比较强、抗病性能好，如东疏镇种植的郑单958、农大108、鲁单981等。种子包衣是在种子上涂上一种药剂，包衣种子具有抗病、抗虫、促进播种后生根发芽的能力。选用包衣的良种，种子纯度高于96%，出芽率高于85%，净度高于98%；若实行单粒精播，种子出芽率应在94%以上。

（三）栽种

播种玉米的过程中，要保持行距65厘米、株距18厘米的间距，无论机播、手点，玉米播种深度要求3~5厘米，然后点播玉米种子，播种深度为5厘米。玉米种植后，要根据土壤墒情及时浇水，让其正常发育生长。根据各地土壤墒情、气温和玉米品种生育期等确定最佳播期，做到用种精准、下籽均匀、种肥隔离、镇压适度、深浅一致、覆土严密，适时适墒机械精播，提高播种质量，争取一播保全苗。播种量要均匀一致，在播种前，种子倒入播种机后，要转动拨籽轮，看各行的下种量是否一致，一致时再行播种，以免造成各行出苗不一致。

（四）定苗（密植）

玉米在三叶期丛苗疏开，五叶时可按株距定苗，要拔除病苗、弱苗、异株，留健壮苗；若遇缺苗断垄的地方，相邻处要留双株补苗。根据品种特性及各地生产实际，构建合理群体结构，为保证丰产奠定群体基础。一方面，播种后要及时浇蒙头水。如果播肥量过大不及时浇水则极易造成化肥烧种，导致严重缺苗。另一方面，浇水要适量。大水漫灌易形成田间积水导致出苗速度慢、苗黄甚至会造成严重缺苗。

（五）施肥/农药

玉米是高产耐肥作物，需正确施用种肥，其施肥的增产效果远优于其他作物。施肥方法可分为基肥、种肥、追肥。种肥是最经济有效的方法，玉米播种时播入适量磷钾肥做种肥，能显著增强苗期长势，进而提高产量。种肥的施用方法有很多：拌种、浸种、条施、穴施。通过向土壤施加基肥，所有的化肥都可以做基肥，有效培养土壤的肥力，使土壤的物理性质能够得到改善，保证种子在发育过程中有充足的营养供应，从而有利于玉米种子的根系发育。在播种过程中，要选择向阳、土层深厚的地块，在表层施入有机肥作为底肥，然后挖沟起垄，将土壤晾晒 1～2 天。一般大面积玉米生产应用中磺酰脲类除草剂烟嘧磺隆、砜嘧磺隆和甲酰氨基嘧磺隆，只适用于马齿型、半马齿型、硬粒型玉米，不推荐用于糯玉米、甜玉米、爆裂玉米及各类型自交系玉米；玉米对烟嘧磺隆有较好的耐药性，在玉米二叶期前和六叶期后施用这些除草剂容易产生农药药害，可能出现暂时褪绿或轻微的发育迟缓症状，但一般能迅速恢复而且不造成减产。

（六）收获

当玉米籽粒乳线消失或者籽粒尖端出现黑色层时，即可收获。据研究，玉米晚收可适当增产。贮藏夏玉米适宜收获期为 9 月底至 10 月初。当苞叶干枯，籽粒乳线消失、黑层出现且含水量低于 32% 时，选用机械收获，秸秆粉碎还田，培肥地力。秸秆粉碎还田，可通过土壤中微生物作用，缓慢分解并释放出土壤中的矿物质营养，可以被作物吸收利用，分解过程中形成的有机物和腐殖质可以为土壤中微生物和土壤生物提供原料，从而可有效地改善土壤结构，并提高土壤肥力。

"三叶间五叶定，七到八叶控，九叶以后大水大肥攻。"这就是总结出来的种植经验，总而言之，科学的育种和种植才能提高玉米的产量。

（图：常小雨）

035

种植水稻应该注意哪些问题？

水稻种植过程

（1）催芽播种。将种子晒干以后，水分含量就会减少，种子的呼吸作用因缺少水分而逐渐变弱，从而抑制其生长。

（2）选种：选择优质、适应能力较强的品种，且具有一定的抗逆性的饱满纯种。

（3）浸种：一般水稻浸种就需要进行消毒杀菌，但是不能伤到种子。

（4）催芽：将已经处理好的水稻种子装入网纱袋中进行催芽，注意一定要在适宜的温度下进行催芽，等芽根长至 2 毫米左右以后可放置在阴凉处，准备播种。

（5）育秧。育秧苗的方法分别有：湿润育秧、旱育秧、水育秧、秧盘育秧。一般使用秧盘育秧。

（6）移栽。将秧苗间隔有序甩入或者插入稻田中即可。同时要注意浇水，除草防除病虫害等。

水稻种植周期

（一）营养生长

水稻从种子开始发芽到水稻幼苗再到进入拔节期是水稻的营养生长阶段，一般需要 90～100 天的时间。营养生长阶段可以分为幼苗期、插秧期、分蘖期和拔节期四个时期。水稻的幼苗期在 30～35 天，插秧期有 7～10 天的时间，分蘖期 30 天左右，而拔节期一般需要 15 天左右的时间。

（二）生殖生长

水稻从开始孕穗到成熟为生殖生长阶段，需要 70～80 天的时间。也可以分为孕穗期、抽穗期、扬花期和灌浆期四个时期。水稻孕穗期需要 15 天左右的时间，抽穗期也需要 15 天左右的时间，在进入扬花期之后需要 15～20 天才会进入灌浆期，从灌浆期开始到水稻成熟一般需要 20 天的时间。

(图：常小雨)

036

如何保存农作物的营养成分？

什么是农作物的营养成分？

我们经常吃的食品，如米饭、蔬菜、饮料等，本质上都是在通过"吃"这个过程消化吸收其中的营养成分，那什么是农作物的营养成分呢？以蔬菜举例，蔬菜中主要的营养成分有维生素、淀粉和纤维素等，这些成分被人体吸收，在人身体的各个部位发挥作用，维生素的占比成分少，但是作用大，只要一点点的维生素就可以起到很大的作用，维生素 B 可以防止脚臭，维生素 C 可以防止牙龈出血……淀粉则是我们每天吃的米饭和面包里最主要的营养成分，它在人体内会被分解，慢慢转化为人运动所需要的能量，也是最常见、最直接的营养成分。食品、农作物中还有很多人体所需要的营养，它们在被人消化吸收后都会在人体内发挥自己的作用，这就是农作物的营养成分。

为什么要重视农作物营养成分的保存？

首先，我们食用农作物和农作物制成的食品除去为了品尝美味，再有就是消化吸收其中的营养，这也是农作物的价值所在。而随着网络和交通的飞速发展，我们已经可以吃到天南海北的美味食品，北方人可以品尝到南方的荔枝，在古代这可是皇帝才有的待遇。可是，在运输的过程中农作物的营养不可避免地会流失，流失一旦太大，农作物本身也就不再具有食用价值；又或者有一些不良商家，为了赚更多钱，使用添加剂保存农作物，虽然有些看上去没问题，可其实里面的营养却大打折扣，消费者花了钱却买不到与之相匹配的质量，这种情况也是我们应该避免的。

其次，保存农作物的营养成分，也是为了食品的安全性，因为许多农作物中的营养成分一旦发生变质，食用后会对人体造成伤害，甚者会造成食物中毒，比如用变质的花生榨油，在表面上看并不会发现和普通的花生油有什么区别，可是人食用后会导致食物中毒，所以对农作物营养成分的保存也可以促进食品安全。

如何保存农作物的营养成分？

不同的农作物自然有不同的保存措施，下面将介绍几种不同农作物的保存措施：

（一）水果的保存措施

1. 防止细菌污染

一般来说水果从采摘时就有细菌，而这个时候的细菌对人体并没有太大的影响，甚至在葡萄酒的酿造过程中，野生的细菌也能发挥重要的作用，这里"细菌污染"所指的细菌是会使水果霉变、腐烂的细菌，主要指青霉菌。防止细菌感染的方式也很简单：苹果、葡萄、桃子、李子、柿子等水果可以放在冰箱里，低温的环境可以抑制使它们腐烂的细菌生长，放进冰箱时可以用袋子装好并扎几个小孔，这样可以防止水汽聚集而使细菌滋生。

2. 防止磕碰

防止磕碰主要是水果运输和水果销售的过程中需要注意的问题，因为水果里面的果肉十分脆弱，外皮则是保护水果的重要屏障。一般来说，商家使用充气垫或者泡沫填充水果装箱之后的空隙，这样就可以防止水果之间、水果和箱子之间的碰撞导致的水果果皮损坏。

3. 防止未成熟或过度成熟

水果未熟或过熟，营养价值都会欠缺。未熟或过熟的情况一般发生在对季节要求比较高的水果身上，例如芒果、香蕉、猕猴桃等水果，一经采摘需要马上食用，不然就会导致过熟，西瓜、猕猴桃过熟会化成水，香蕉过熟会变软变黑，营养成分大打折扣。而有些水果在采摘之后也可以继续成熟，为了能更早地抢占市场和防止水果过熟，一些商家就会在水果成熟之前采摘下来，这样做虽然确实可以防止水果过熟，可一旦把握不住尺度，很可能导致水果卖出时还是生的。所以商家需要把握好成熟的时机，不要为了一时的利益侵害消费者的权利。

（二）蔬菜的保存措施

1. 防止蔬菜虫害

蔬菜虫害是指蔬菜没有经过杀虫处理，导致蔬菜出现病害而无法食用的现象。防止蔬菜虫害自古以来就是农业难题，现代的主要措施一般是种植有抗虫性的品种、多种蔬菜混种和施洒农药。抗虫性品种需要购买相应的种子；蔬菜混种，比如大蒜可以驱除铜绿丽金龟、蚜虫、根蛆、蜗牛、胡萝卜种蝇、苹果蠹蛾、白蝇、菌蚊等，是玫瑰、覆盆子和果树的好伙伴；施加农药则需要适量，为了生态环境和人体健康，尽量少用农药和使用可降解的农药。

2. 防止蔬菜发芽

防止蔬菜发芽最经典的例子是土豆，土豆中的营养成分在土豆发芽时会转化生成龙葵碱，这是一种对人毒性很强的毒素，还有花生和红薯在发芽之后也是不可以食用的。防止这些蔬菜发芽首先要限制它们的生长条件，把这些蔬菜放在阴凉干燥的环境下保存，没有发芽的条件自然也就可以延长保存的期限了。

（图：常小雨）

037

如何正确利用农业上的矿质元素？

什么是矿质元素？

矿质元素是指除碳、氢、氧以外，主要由根系从土壤中吸收的元素。矿质元素是植物生长的必需元素，可以促进营养吸收，缺少这类元素植物将不能健康生长。

关于植物必需的矿质元素，在新版高中生物教材中写道："以前科学家确定植物必需的矿质元素有 13 种，其中氮、磷、钾、硫、钙、镁属大量元素；铁、锰、硼、锌、铜、钼、氯属微量元素。"而据最新版《植物生理学》资料，现已证明有 16 种矿质元素为植物生长所必需，即把硅、钠、镍也列为植物必需的矿质元素，其中硅为大量元素，钠、镍为微量元素。

矿质元素对农业生产有什么作用？

氮是蛋白质的重要组成成分，植物枝叶茂盛，离不开氮元素，氮元素对植物的生长起着关键作用。磷的主要作用在于促进光合作用，是细胞核蛋白、淀粉素的重要成分，也是植物内能量代谢物质运移的媒体。钾俗称品质元素，与碳水化合物、蛋白质代谢活性酶的存在有密切关系，钾充分时农作物的产量和质量就高。而锌是植物生长中的必需元素，也是促进蛋白质、各种酶形成的组成部分，一旦植物缺锌，就会出现作物生长缓慢、孱弱，俗称小老苗。硼对作物的开花、坐果起着重要的作用，一旦土壤中缺硼元素，往往造成作物减产。硒是农作物必需的微量元素，农产品中硒的含量在限量指标内，就会显著提高人体的免疫能力，具有防治心血管疾病、预防衰老、延年益寿等重要的保健作用，又被人们称为生命元素。

同样，钙、镁、硅、铝、铁、锰、硼等元素在植物的一生中各自起着不同的作用，扮演着不同的角色。有参与农作物叶绿素形成功能的，也有缓解植株中毒症状的，这些都好比一个建筑工地，工种虽多，但分工有序，可是一旦哪一个或一些岗位缺失，虽然建筑物看上去是完整的，但极有可能是一个危险建筑。这说明了微量元素是以整体性、组合性、多元性、平衡性、特殊性等特征参与农作物生长，缺少一个元素或含量不足或过剩，都会影响农作物生长。

如何正确利用农业上的矿质元素？

矿质元素在生物的生命活动中有很重要的作用，不仅是生物的重要结构物质，还在代谢过程中起调节作用。因此，在农业生产实践中充分应用矿质代谢的知识可以大大提高生产效率。

（1）中耕松土可促进矿质离子的吸收。我们常在农业生产中提倡中耕松土，这是因为这样可以增加土壤中的空气，提高根细胞的呼吸强度，从而促进根对矿质离子的吸收。

（2）适当施肥，及时补充矿质离子。肥料与土壤是矿质元素的主要来源，平时我们要对农作物进行适当施肥，因为这样可以及时补充土壤溶液中缺少的植物所必需的矿质离子。

（3）无土栽培。现在越来越流行的无土栽培技术是运用了"溶液培养法"的原理，把植物生长发育过程中所必需的各种矿质元素，按照一定的比例配制成营养液，并用营养液来栽培作物。这样就可以造成一个人工调节和控制根系的生活环境，不仅可以全年栽培，提高了产量，而且降低了污染，是一种比较环保的生产方式。

（4）叶面喷施与飞喷。氮元素对植物而言是一种十分重要的矿质元素，但氮素在土壤中利用率不到40%，其根本原因就在于氮肥施入土壤中，极易通过挥发、淋溶等方式流失，我们可通过根外追肥的方式补充氮素。而纯尿素作叶面喷施，容易烧苗，不建议直接使用尿素兑水喷施。推荐使用含氮的全水溶性大量元素水溶肥，稀释后均匀喷灌。

（5）因时因地合理补充矿质元素。初春，温度逐渐回升，作物生长旺盛，需要补充大量的矿质元素和水分，特别是氮元素。氮元素是植物极其重要的矿质元素，此时可用稀释后的氮肥浇灌，切记少量多次，避免造成氮肥不必要的流失浪费和植物疯长等现象。同时根据不同氮肥的物理化学性质，合理选用不同种类的氮肥。如水稻田不宜选用硝态氮，因为硝态氮在淹水环境下，容易发生反硝化作用，形成氧化氮气体或氮气而导致脱氮损失。

（图：谭仁豪）

038

如何科学有效地施肥？

关于有机肥和化肥的基本效用和使用情况

中国作为农业大国，在作物施肥上有着悠久的历史。农民以前会以发酵后的粪水等作为肥料，以满足农作物对相关营养元素的需求。而随着人口增长，人们对粮食需求量越来越大，传统的有机肥养分含量低、作用时间短无法满足需求，而研制出的化肥，一问世便大受欢迎，一直应用至今。

化肥如此受欢迎不是没有原因的，它有品种丰富、养分含量高、原料丰富、容易保存、杀灭害虫等多种功效。既能让农作物增产，又方便好用，何乐而不为？然而由于化肥价格便宜且环保施肥宣传不到位等原因导致农民盲目增大剂量，随意使用化学肥料，而化肥的大量使用导致土地营养过剩、烧苗、土壤板结、水源污染、土壤肥力下降、农作物品质下降等问题接踵而来。

化肥污染的原因分析

一方面，农民对化肥的了解知之甚少，含什么元素，主要作用是什么都不了解，单纯凭借着祖祖辈辈流传下来的经验来施肥，听说哪个肥好用就买哪个，完全不考虑实际情况因地制宜。

另一方面，化肥本身就带有副作用，虽营养含量高、见效快，但相关营养物质长期保留在土地里造成生态不平衡，使土地失去了其原本的自我调节能力，长此以往土壤肥力下降，而多余的养分随雨水流经小溪至湖

泊、大海，造成赤潮等现象。

总的来说，我们应该减少化肥的使用，提高有机肥的使用率。有机肥中含有较多的有机质，它能有效地改善土壤的理化状况和生物特性，同时还能熟化土壤，增强土壤的保肥、供肥和缓冲能力，从而为作物的生长创造良好的土壤条件。

如何科学有效地施肥？

虽然说有机肥更绿色健康，符合生态环境的长期发展，而化肥营养含量高、见效快，但没有科学有效的施肥方法只会事倍功半。以下介绍几个施肥要点：

（一）因土施肥

首先，对于高肥力地块，应适当减少底肥，增加后期追肥量；对于低肥力土壤，土壤供应养分含量少，应增加底肥的用量，后期合理追肥。

其次，不同质地土壤，有机肥料养分释放转化性能和土壤保肥性能不同，应采用不同的施肥方案。

（1）沙土应增施有机肥料，提高土壤有机质含量，改善土壤的理化性状，增强保肥、保水性能。可深施大量堆腐秸秆和养分含量低、养分释放慢的粗杂有机肥料。

（2）黏土地施用的有机肥料必须充分腐熟，黏土养分供应慢，有机肥料应尽量早施，可接近作物根部。

（3）旱地土壤水分供应不足，阻碍养分在土壤溶液中向根表面迁移，影响作物对养分的吸收利用。应大量增施有机肥料，改善土壤团粒结构和土壤的通透性，增强土壤蓄水、保水能力。

（二）根据肥料特性施肥

施肥时应根据肥料特性，采取相应的措施，提高作物对肥料的利用率。各类有机肥料中以腐殖酸肥的性能最好，不仅含有丰富的有机质，还含有丰富的无机养分，对改善作物品质作用明显，是大田经济等作物的理想用肥。

（三）根据作物需肥规律施肥

不同作物种类、同一种类作物的不同品种对养分的需要量及其比例、养分的需要时期、对肥料的忍耐程度等均不同，因此在施肥时应充分考虑每一种作物需肥规律，制订合理的施肥方案。

如何科学有效地施肥？

（图：谭仁豪）

039

如何科学使用农家肥？

什么是农家肥？

农家肥是指在农村中栽种、收集和制作的各种有机肥料。农家肥的种

类较多，常见的农家肥有人粪尿、堆肥、厩肥、绿肥、泥肥、草木灰等。农家肥中含有大量的氮磷钾等基础元素，还含有数种微量元素，含有较为全面的营养物质，是很好的有机肥。一般能供给作物多种养分，改良土壤性质。农家肥需要经过发酵处理，所以一般具有比较难闻的气味。

农家肥的利与弊有哪些?

（一）农家肥的利

1. 取材方便，体积大

农家肥基本都是自家制作，无须很复杂的制作工序，且来源稳定、广泛。

2. 可以改进土壤

含有较多的有机质以及微生物分化后产生的腐殖质，可以改进和培肥土壤。

3. 肥效稳定耐久

农家肥含有各种微量元素且以有机态存在，经过腐熟，营养逐渐开释才被作物吸收，因此肥效耐久安稳。

4. 调节土壤温度

一般马、羊、禽、兔粪属热性，人粪、猪粪、堆肥以及各种杂肥料归于凉性。可利用不同农家肥调理土温，如越冬作物可施用半腐熟廊肥，起保温、防冻之用。

（二）农家肥的弊

一般来说，农家肥的弊端主要来自肥料未完全发酵腐熟甚至是未进行腐熟，其所造成的危害是不容忽视的，其危害主要体现在以下几点：

1. 引发病虫害

未经腐熟的农家肥往往含有大量的病菌或病菌虫卵，容易引发根系病虫害，甚至会污染环境，造成严重的后果。

2. 造成肥料流失

未经腐熟或腐熟未完全的农家肥，其中大量的有机物未被微生物分解，不能被作物吸收，从而造成有机物流失，降低农家肥效力。

农村有句俗语叫"冷粪果木热粪菜，生粪上地连根烂"。这样看来未经腐熟的农家肥使用后，会出现很多问题。除了由于未经腐熟所造成的危害，在使用农家肥的过程中还会产生其他危害，如农家肥发酵过程中，微生物会吸收大量的氮，造成作物缺氮、肥效滞后等问题。

如何正确制造农家肥？

（一）操作原理

各种新鲜家畜粪尿或垫圈材料，需要在堆积过程中通过微生物的作用，将腐熟分解成为作物可利用状态的养分和腐殖物质，这样的有机肥才适合施用。

（二）常用方法

1. 疏松堆积法

建造一个积肥场地（建议建在种植地的旁边），将起圈的新鲜牲畜粪尿加以疏松并堆积于积肥场地，堆积过程中保持通气良好。在高温条件下，牲畜粪尿腐熟分解快，短时期内可以制出腐熟的有机肥，但氮素等养分损失较大。这种方法比较方便，适合个体种植户满足自身需要。

2. 紧密堆积法

从圈内起出的牲畜粪尿，在积肥场地一层层地堆积起来，边堆积边压紧。如果太干，可加适量水以保持湿润，肥堆的高度以 1.5 ~ 2 米为宜，待堆积完毕，用泥土把肥堆封好，温度一般保持在15℃ ~ 35℃。采用这种方法腐殖质积累较多，氮素损失较少，经过 3 ~ 4 个月后，有机肥可达半腐熟状态，6 个月以上才能完全腐熟。这种方法的缺点是耗时较长。

3. 疏松紧密交叉堆积法

采用疏松紧密交叉堆积，既可缩短有机肥的腐熟时间，又可减少氮素损失。把新鲜有机肥在圈外疏松堆积约一米高，不压紧，以便发酵。一般在 2 ~ 3 天后肥堆内温度可达60℃ ~ 70℃，然后还可继续堆积新鲜有机肥，这样一层层地堆积，直到高度 2 ~ 2.5 米为止。用泥土把肥堆封好，保持温度，阻碍空气进入，防止肥分损失和水分大量蒸发。一般 1.5 ~ 2 个月就可达到半腐熟状态，经过 4 个月后就可完全腐熟，这种方法适合从事农作物行业，可以多次使用。

4. 微生物发酵菌群快速处理法

将准备腐熟的有机物料（主要是动物排泄物及植物秸秆等废弃物的混合物，混合物含水率最好为50％ ~ 60％）摊开，然后撒入腐熟剂，按照 1 包（1 公斤）优菌康有机肥发酵剂对应 5 吨有机物料的比例进行撒施。有条件的地方最好进行简单翻倒，以保证腐熟剂可以均匀拌入有机物料。这种操作难度较高，不建议一般农户使用。

如何科学使用农家肥？

因为农家肥的种类多种多样，所以其使用方法也各异，那么如何科学使用农家肥呢？

（一）人粪尿

人粪尿是农村使用较为广泛的一种农家肥。在将其沤好后，需要用水稀释施用。人粪尿对于叶菜类作物最为有效（如白菜等），但对于忌氯作物（如马铃薯、红薯等）应控制施用量。

（二）沤肥

沤肥是将杂草、泥土、垃圾、人粪尿与家畜粪尿等混合，然后在淹水条件下进行微生物发酵。这种肥料腐殖质积累较多，一般适宜用作基肥。

（三）禽粪

禽粪类肥料如果直接使用，不仅会对根系植物造成损害，而且容易引来许多害虫。因此禽粪类肥料应该在堆积腐熟后使用。

（四）草木灰

草木灰属于碱性肥料，适用于酸性土壤，也可以用于一般土壤。其含有较多的磷和钾，适用于旱地基肥或用于水田作基肥和追肥。

（五）沼气池肥

沼气池肥要格外注意其时效性，因为其含有大量的铵态氮，极易分解挥发，从而丧失肥力。因此我们常采用深埋施肥的方式来提高其利用率。

综上，我们可以知道农家肥大多都需要进行发酵腐熟，才能发挥其最大效益。除此之外我们还可以使用人粪尿中添加硫酸亚铁、草木灰中添加过磷酸钙、堆沤肥中添加碳铵等方式来提高肥料效力。

（图：谭仁豪）

040

如何科学使用传统肥料?

什么是传统肥料?

　　先要说明，传统肥料并非只是常识中的牲畜粪便等，这只是传统肥料中的一种——粪肥。肥料主要指的是提供一种或一种以上植物必需的营养元素以改善土壤性质、提高土壤肥力水平的一类物质，是农业生产的物质基础之一。主要包括磷酸铵类肥料、大量元素水溶性肥料、中量元素肥料、生物肥料、有机肥料、多维场能浓缩有机肥等。而我们提到的传统肥料就包括了尿素、过磷酸钙（普钙）、磷酸二铵、粪肥及氮磷钾复合肥等，它们被农户广泛使用，农户对此拥有悠久的农作基础和丰富的经验，但同时在使用上也存在着一些根深蒂固的问题，需要加以改正。比如，过磷酸钙和磷酸二铵都具有一定的毒性，需要注意使用方式。

为什么要科学规范使用传统肥料？

在当今的农业生产领域中，不管是传统肥料还是新型肥料都在被广泛使用。化肥的使用是不可避免的，也是必要的。我国多数土地的土壤在种植时都需要进行施肥，化肥可以帮助粮食增产、增质。我国作为一个农业大国，也是世界粮食生产大国，帮助农户科学规范地使用化肥有利于提高粮食产量和质量，改善粮食安全问题，减少对土壤的污染和改善土壤品质等。

而当前我国从事农业生产的人员科学素养普遍不高，没有现代化的农业生产知识，对农业生产依旧保持惯有思维和惯有方式。对传统肥料的化学性质没有足够的了解，没有科学使用传统肥料的意识，使用传统肥料依旧依靠经验，没有科学、系统的方法，这就会导致现今的传统肥料使用中存在很多问题，比如对人体健康的危害、对土地的严重污染和水土流失等。因此，普及科学规范使用传统肥料的知识相当必要且有意义。

如何科学规范使用传统肥料？

传统肥料包含众多，在此以农户广泛使用的尿素举例。

（1）尿素是有机态氮肥，要经过土壤中的脲酶作用，水解成碳酸铵或碳酸氢铵后，才能被作物吸收利用。就是说，尿素要在作物的需肥期前4～8天施用（提前使用）。

（2）不要和碱性肥料混合使用（会适得其反）。尿素与草木灰、石灰、钙镁磷肥等碱性肥料混合使用时，会使尿素中的氮素变成氨挥发，所以尿素和碱性肥料要求隔几天施用，在夏季和秋季要隔4～5天，冬季和春季要隔7～8天，这样才能发挥尿素的肥效。

（3）不能用量过大和过晚施用（凡事讲个度）。尿素的含氮量高，施用量过大会造成浪费。一般小麦每亩施用量15～20公斤即可。用量少时可以掺土混合均匀施用。

（4）施用尿素后过几天再浇水（马上浇水会浪费）。尿素中的氮素是酰

胺态，在土壤中的淋失性比较大，在施用尿素后马上浇水，会造成浪费。一般在夏季施用后3~4天浇水，冬季和春季施用后7~8天浇水为好。

（5）要求深施，即土挖深点，用完记得盖上土。主要为了防止尿素随地表径流和水土排水流失。尿素易溶于水，如果施用在地表不盖上土，肥料养分会随雨水流失。在旱田尿素必须施在土壤中，有利于肥效发挥。

（6）尿素可与其他肥料（碱性肥料除外）配合施用。尿素与有机肥、磷肥、钾肥配合施用，可以满足农作物对各种养分的需要，提高尿素的利用率。另外叶面喷施尿素不要浓度过大，一般在0.5%~1%即可。

如何科学使用传统肥料？

（图：谭仁豪）

041

如何正确使用农业投入品？

什么是农业投入品？

农业投入品是一个十分宽泛的概念，小至农药、化肥，大至大棚、农机等，均属于农业投入品的范畴。通俗地说，任何应用于农业的生产资料皆可以归类于农业投入品。因此，农业投入品覆盖了农业生产的各个方面，是直接决定粮食产量和质量的重要因素。

为什么要正确使用农业投入品?

俗话说"民以食为天"，农业毫无疑问是任何一个国家的根基所在。如今我国虽能保证每个国民的基本温饱，但粮食并无很大富余，提高粮食产量仍是发展任务之一。在农业尖端科技难以作出重大突破的现状下，加强每位农户对农业投入品的使用技能，使之能够正确使用农业投入品便是进一步提高粮食产量的一大突破口。

同时农业投入品是关系农产品质量安全的重要因素，错误使用不仅无法提高产量、保护农作物，还可能伤害农作物，甚至危害消费者的生命健康安全。为了确保农业投入品得到妥善利用，我国出台了一系列法律，覆盖了传统农药投入与新近出现的农业转基因生物投入等农业生产的各个方面。因此正确使用农业投入品不仅是个人意愿，更是一种强制义务。

如何正确使用农业投入品?

农业投入品涉及内容过多，故以有机农业投入品为例，简要介绍防治病虫害及肥料方面的农业投入品应用。

（一）有机杀虫剂

1. 楝素

楝素是以印楝种子中提取的印楝素生物活性成分为主配制而成的高效、低毒植物源杀虫剂。具有忌避、拒食、触杀、内吸、胃毒和抑制昆虫生长发育等多种作用机理，缺点是防治见效慢。

2. 天然除虫菊

直接触杀菜青虫、蚜虫等，比较快速。苗期虫害可于清晨即上午 9 点左右或者傍晚即下午 5 点以后进行茎叶喷雾；花期施药，最好于上午 9 点左右施药，重点喷洒花部；果实膨大期或采摘期施药，于清晨天将亮时或者傍晚 7 点以后，进行喷雾防治，重点喷洒果部，使果实完全着药。

3. 鱼藤酮

专属性强，杀虫迅速，对昆虫特别是蚜虫、跳甲和蓟马有很强的杀除作用，对小菜蛾、菜粉蝶等幼虫有强烈的胃毒和触杀作用，且有效期长。

4. 蛇床子素

防治对象包括同翅目类（各种蚜虫）、鳞翅目类（茶尺蠖、菜青虫等）、鞘翅目类（玉米象、谷蠹），还可用于水稻稻曲病、黄瓜病、草莓病、葡萄病、番茄灰霉病、茶饼病等。

（二）有机肥料

1. 猪粪

碳氮比小，含氮量为牛粪的两倍，含大量氨化细菌，质地较细，成分较复杂，含蛋白质、脂肪类、有机酸、纤维素、半纤维素以及无机盐，一般容易被微生物分解，释放出可为作物吸收利用的养分，适用于堆肥。

2. 牛粪

粪质细，含水多，冷性肥料（不含高温纤维分解酶）。牛粪的有机质和养分含量在各种家畜中最低，粗纤维多，分解慢，发热量低，属迟效性肥料，一般作养地用，也可用于堆肥。

3. 马粪

马粪成分中以纤维素、半纤维素含量较多，还含有木质素、蛋白质、脂肪类、有机酸以及多种无机盐类。马粪质地疏松，含有大量高温性纤维分解细菌，在规制过程中能产生高温，属热性肥料。

4. 羊粪

羊粪含有机质比其他畜粪多，粪质较细，肥分浓厚，发热介于马粪与牛粪之间，属热性肥料。

5. 禽粪

禽粪是鸡粪、鸭粪、鹅粪、鸽粪等的总称。禽粪中的养分含量较家畜粪尿更高，且养分较均衡。禽粪是容易腐熟的有机肥料，且其中氮素以尿酸态为主，尿酸不能直接被作物吸收利用，而且对作物根系生长有害。同时，新鲜禽粪容易招引地下害虫，因此禽粪作肥料应先堆积腐熟后施用。

6. 兔粪

兔粪碳氮比较小，易腐熟，易产生热量，属热性肥料。由于分解较快，肥分易于挥发，一般作追肥施用。由于兔粪含磷较多，在缺磷的土壤上施用效果更好。

（图：谭仁豪）

042

如何规范农业投入品的使用？

什么是农业投入品？

农业投入品是指在农产品生产过程中使用或添加的物质，包括种子、种苗、肥料、农药、兽药、饲料及饲料添加剂等农用生产资料产品和农膜、农机、农业工程设施设备等农用工程物资产品，也包括不按规定用途非法用于农产品生产的物质，如"孔雀石绿"和"瘦肉精"。农业投入品是关系农产品质量的重要因素，它们的使用自然也有规范和要求。

使用农业投入品的利弊来自何处？

农业投入品的种类多样，使用农业投入品的利弊来自被使用的农业投入品的种类和用量。

在利处这一方面，在农产品生产过程中，适当且适量地使用对动植物及人体无危害的农业投入品种类，如健康肥料和饲料，能对农作物的生长以及家畜的成长起到适当而良好的作用，使它们能更快地成熟，达到采摘或食用的标准，同时对于人们食用也无危害，这是农业投入品使用的利处。

但与此同时，我们也清楚地看到，在农业投入品种类中，也包括对人体有害的物质，如"瘦肉精"。2009年广州发生首例"瘦肉精"中毒事件，70余人住院治疗，检测出63头问题生猪。2009年4月，广州接连查获来自湖南、河南等地的"瘦肉精"猪40多批次。这些一个又一个触目惊心的新闻事件，无不表明恶意、非法使用有危害的农业投入品对人体的伤害之大。农业投入品的种类本身并无利弊，只对进行农业生产、使用农业投入品的人能够产生利弊。

应该如何规范农业投入品的使用？

规范农业投入品的使用任重而道远。总的来说，要从三个方面进行规范。

第一个方面在立法与监督上。虽然已有《农产品质量安全法》等在农业投入品方面的法律和条例，但法律法规覆盖面较窄、在处理方面也不太详细，需要进一步完善。法律法规上的规定应更加细化与规范，确保在农产品生产上的各方各面能有法可依。同时政府也需要加强监督，对于上市农产品的筛选与检查，做到有疑必查、有错必纠，更加规范管理农产品相关生产链上的一系列过程。

第二个方面在社会宣传与帮扶上。为了更快获得收益，大量不符合规定、对人体有害的农业投入品被使用。如果在社会上能够形成鼓励绿色生产、安全生产的农产品生产氛围，也许能够减少众多农民将错就错、盲目使用危害性农业投入品的现象。同样，换个角度思考为什么他们那么急于求成，是否也有农民收入较低、缺少稳固社会福利保障的原因。因此应普遍开展安全生产农产品方面的教育以及对农民生产过程中各方面加以必要帮扶，切实解决农民在生产中遇到的经济等方面的困难。

第三个方面在个人意识上。要改变农产品生产中"一家两制"现象，树立生产者本人正确的道德意识，使他们认识到保障他人的健康与爱护自己的健康是同等重要的。生产者自身应自觉规范农业投入品使用，不让有害物质通过食物进入他人的身体里。人们要有同理心，能够将心比心，才能形成人与人之间交际的良好氛围，这个社会才会更加美好。

如何规范农业投入品的使用！

（图：谭仁豪）

043

如何正确掌握农业投入品
使用安全间隔期？

什么是农业投入品使用安全间隔期？

首先，应当了解什么是农业投入品，农业投入品是指农产品在生产过程中使用的物质，包括种子、种苗、肥料、农药等，是进行农业生产必不可少的物质，也是关系着农产品安全的重要因素。在这里我们所说的农业投入品主要指农药。其次，安全间隔期是指从喷药后到农药残留量降到最大允许残留所需要的间隔时间，最后一次喷药与收获之间必须大于安全间隔期，简单来说就是农产品从用药到可以食用需要一定的时间，没有大于这个间隔期就食用农产品容易引起中毒。不同的农药所需要的降解时间不一样，不同作物的生产趋势及生长季节也不一样，农业投入品使用安全间隔期从而也不同。对农药而言，时间越长，残留量也就越少。因此，在农业生产中要严格执行农业投入品使用安全间隔期。

为什么要设定农业投入品使用安全间隔期？

安全间隔期是农药安全合理使用的重要参数，与农药残留量和最大残留限量息息相关，因此它是保障农产品质量安全的重要前提。设定安全间隔期不仅是贯彻我国《农产品质量安全法》《食品安全法》《农药管理条例》的要求，保障农业生产安全和农产品质量安全的需要，也是国内外农药使用和保障农产品质量安全的普遍做法和重要措施。

（一）依法履行政府职能的迫切需要

我国《农产品质量安全法》第 25 条规定："农产品生产者应当按照法律、行政法规和国务院农业行政主管部门的规定，合理使用农业投入品，严格执行农业投入品使用安全间隔期或者休药期的规定，防止危及农产品质量安全。"《农药管理条例》第 27 条规定："使用农药应当遵守国家有关农药安全、合理使用的规定，按照规定的用药量、用药次数、用药方法和安全间隔期施药，防止污染农副产品。"

（二）有效保障农产品质量安全的现实需求

近年来，随着全球气候变化、种植结构调整和种植方式改变，农作物重大病虫害发生的时间和区域随之改变，病虫害发生呈现整体加重、早发、多发态势，导致农药使用量增加和违规使用现象频发。只有严格按照批准的农药标签合理使用农药，并在规定的安全间隔期以外采收，才能保证农产品中农药残留量符合国家标准要求。

（三）国内外农药安全使用的普遍做法

美国、欧盟、日本等国家制定的农药管理法规都对农药使用明确规定

要提供农药安全间隔期。欧盟推行 12 年良好农业规范（GAP）后，基本上解决了农产品质量安全问题。我国于 1989 年开始制定农药安全使用标准，从 2000 年开始制定农药合理使用准则，两者都规定了农药安全间隔期。

影响农业投入品使用安全间隔期的因素有哪些？

（一）农业投入品使用者个人特性

农户的文化水平、用药习惯都会对其农药使用行为产生影响。一般来说农户从事农业劳动越久，在使用农药时越会根据自己的经验使用农药，而且文化程度越低越容易滥用农药，认为农药使用越多越好，其农药使用行为不合理导致安全间隔期相应地延长。因此，农户在施药时最好按照使用说明使用，防止因个人因素导致安全间隔期延长。

（二）农业经营状况

农业经营状况好的农户会看重农药的品质和使用效率，注重土地资源的可持续利用，愿意选择低毒低残留的农药，减少单位面积的农药含量。而农业经营状况不好的农户更偏向选择高毒农药，试图降低成本，以求更快更高效地达到目的，但同时又容易违反农药使用间隔期的规定，增加了农药含量。农户在选择农药时要选择合适的，并不是毒性越高越好。

（三）农业投入品性质及使用次数

在同一作物上，因农药使用量、使用次数和施药方式等农药使用模式的不同，可能会造成安全间隔期不同。常见农药的使用安全间隔期分别为：哒螨酮 40 天、炔螨特 30 天、敌百虫 28 天、敌敌畏 6～28 天、毒死蜱 7～28 天、杀螟丹 7～21 天、双甲脒 21 天、草甘膦 7～10 天。不同的农药有不同的使用安全间隔期。即使是同一种药物，用于不同农作物的计量不一样，使用安全间隔期也会不一样。另外，喷药时间间隔太短容易使残留量堆积，上一次的农药未完全净化就又一次施药会让毒性增加，因此不要为了药效而重复喷药。

（四）农药性质

农药本身的理化特性和产品剂型决定着农药在作物和环境中的降解速率。一般来讲，性质稳定、不易降解的农药半衰期长，安全间隔期也长；性质不稳定、易降解的农药，安全间隔期也短。

（五）作物种类

由于不同作物形态、生长速率以及农药在作物中吸附、迁移和代谢转化等存在差异，农药在作物上的降解速率不同，导致同一种农药在不同作物上的安全间隔期也不同。相同条件下，果菜类作物上的农药降解速率比叶菜类快，安全间隔期相应短一些。

（六）环境条件

由于日光、气温和降雨等气候因素，同一种农药在相同作物上的安全间隔期在不同地区存在差异。

如何正确掌握农业投入品使用安全间隔期？

（一）从农业投入品生产者和销售者角度

农药生产者应当根据《农药管理条例》向农药主管部门申请农药生产许可证，注明农药生产企业名称、住所、法定代表人、生产范围、生产地址及有效期等，农药的原料采购、生产、出厂记录等都应按照标准进行。在农药外包装上要有明确的中文标签，包括名称、成分、毒性、使用范围、使用方法、生产日期、注意事项、安全间隔期等。农药销售者也应当根据《农药经营许可管理办法》第一章第三条："在中华人民共和国境内销售农药的应当取得农药经营许可证。"而且销售者要熟悉农药管理规定，

最好经过专业培训，能够指导农户正确、安全地使用农药。

（二）从农业投入品使用者角度

首先，农药使用者在购买农药时要选择规范的经营机构，注意农药上的标签信息，不购买破损、失效、标签含糊不清的农药；其次，买回家的农药在存放时要单独放置，千万不能和食物混放；另外，在施药前要仔细阅读使用说明，不宜根据自己的经验使用，可以在购买时听从销售者的建议；最后，要记牢喷药日期，在安全间隔期内千万不要食用农产品。

（三）从市场监管者角度

食品安全检测机构要加强农产品的售前检测，检测农产品中的农药残留，不让农药超标的农产品流入市场；农户要自觉进行药物残留检验；政府要进一步完善农药管理规定，对一些还没有具体使用规定的农药加快制定使用规则；加大宣传和技术指导力度，让消费者了解农产品质量安全知识。

（四）从消费者角度

消费者要完善自身认识水平，学会辨别不同的农产品，选择安全的农产品。买回家的农产品要多用水清洗，尽可能地去除农药残留。

（图：张凤仪）

044

如何安全使用膨大剂？

什么是膨大剂？

膨大剂，又叫"膨大素"，化学名称叫细胞激动素，属于植物激素类化学物质。常见膨大剂有氯吡脲，属苯脲类物质，主要是刺激细胞分裂素的物质。膨大剂在农业生产上应用广泛，在国内外用于多种农作物，如柿子、甜瓜、苦瓜、葡萄、番茄、西瓜、苹果、梨等。能够促进植物细胞分裂，有促进果实肥大、提高产量，减少花、果实掉落的作用。膨大剂在20世纪80年代引进中国，是经过国家批准的植物生长调节剂。

如何看待膨大剂的使用？

近年来，食品安全问题深受大众关注。据2011年5月18日《新京报》报道称，近日，江苏省丹阳市700多亩现代高效设施农业示范园里，许多西瓜未成熟就竞相炸裂，"瓜裂裂"令当地瓜农伤透脑筋。此事件引起了公众对使用膨大剂安全性的质疑，膨大剂对人体到底有无危害呢？

美国国家环保署（EPA）风险评价报告认为：对膨大剂残留物的暴露总和，无论是对普通人群还是儿童，都可认为是安全的，不构成损害。2004年膨大剂在美国国家环保署正式注册。现今允许12种农产品使用，包括甜樱桃、梨、猕猴桃、葡萄、无花果等，残留限量为每公斤0.01～0.06毫克。欧盟在2005年9月发布了有关膨大剂评价报告的初稿，报告对膨大剂的相关数据和使用情况进行分析评估后表明，现今氯吡脲在欧盟的使用范围极其广泛，包括水果、坚果、蔬菜、食用菌、茶叶、油料作物、粮食、香辛料、畜禽产品及其制品等，涉及300余种农副产品，残留限量为每公斤0.01~0.05毫克。从我国现行登记使用范围可以看出，包括黄瓜、橙、枇杷、猕猴桃、葡萄、西瓜、甜瓜7种农产品，残留限量为每公斤0.05~0.1毫克，并且被列为A级绿色食品允许使用的植物生长调节剂。

对于丹阳市的西瓜"爆炸"现象，我们从后续的事件发展当中了解到了具体情况。该村民种植的西瓜是在不当时期喷过膨大剂的日本"全能西瓜"。首先日本这种西瓜自身具有的特点就是皮薄，养护不善的话容易开裂；其次就是当地天气等环境的原因，西瓜在经历长时间干旱之后如果突然间吸收大量水分就会容易出现胀裂的现象；最后便是和膨大剂使用不当有关。因此来说"爆炸西瓜"属于个别案例，在国内的生产当中也很少出现，属于个别生产技术问题，而不是公众所担忧的质量安全问题。

如何做到安全使用膨大剂?

膨大剂的使用关键在果农，广大的果农要积极学习相关知识和技能，详细认识膨大剂的利弊，才能掌握其正确的使用方法。使用的时候将膨大剂按照一定的比例溶化在清水中，在晴天无风的下午喷施叶面，同时也有一定的技术要求，对于不同种类的作物有不同的使用方法和不同的影响效果[1]。在西瓜的种植过程中使用膨大剂应该在西瓜雌花开花当天或开花前的1~3天，然后按照标准的用量进行喷洒，避免过量。如果直接在西瓜快成熟的时候喷洒膨大剂，就会比较容易出现裂瓜现象。所以一定要注意膨大剂必须在合理的生育期内使用，准确掌握使用的浓度，不能随意加大用量，严格控制使用次数，不能随意增加用药次数等。

---

① 李菁，胡草. 闻之色变的膨大剂 [J]. 中国农业文摘·农业工程，2019 (6).

此外为进一步确保农产品的质量安全，农业技术指导部门要切实加强对农民的生产指导，确保施药时间、施药浓度及施用方法合理规范。农药监管部门更要加强膨大剂的残留量检测，杜绝滥用、乱用等现象。

（图：张凤仪）

045

如何妥善使用乙烯利？

什么是乙烯利？

乙烯利是一种有机化合物，为白色针状结晶，易溶于水、甲醇、丙酮、乙二醇、丙二醇，微溶于甲苯，不溶于石油醚，用作农用植物生长刺激剂。而它作为一种优质高效的植物生长调节剂，具有促进果实成熟、刺激伤流、调节部分植物性别转化等效应。乙烯利与乙烯相同，主要是增强

细胞中核糖核酸合成的能力，促进蛋白质的合成。在植物离层区如叶柄、果柄、花瓣基部，由于蛋白质的合成增加，促使在离层区纤维素酶重新合成，因为加速了离层形成，导致器官脱落。乙烯利能增强酶的活性，在果实成熟时还能活化磷酸酯酶及其他与果实成熟的有关酶，促进果实成熟。在衰老或感病植物中，乙烯利能促进蛋白质合成而引起过氧化物酶的变化。

乙烯利的主要用途有哪些？

（一）促进雌花分化

（1）黄瓜苗龄在1叶1心时各喷1次药液，浓度为每公斤200～300毫克，增产效果相当显著，浓度在每公斤200毫克以下时，增产效果不显著，高于每公斤300毫克，则幼苗生长发育受抑制的程度过高，对于提高幼苗的质量不利。经处理后的秧苗，雌花增多，节间变短，坐瓜率高。据统计，植株在20节以内，几乎节节出现雌花。此时植株需要充足的养分方可使瓜坐住、长大，故要加强肥水管理。一般当气温在15℃以上时要勤浇水多施肥，不蹲苗，一促到底，施肥量要比不处理的增加30%～40%。同时在中后期用0.3%磷酸二氢钾进行3～5次的叶面喷施，用以保证植株营养生长和生殖生长对养分的需要，防止植株老化。

秋黄瓜雌花着生节位高，在3～4片真叶时用每公斤150毫克乙烯利处理，效果尤为显著。但应注意，用每公斤50毫克浓度乙烯利溶液处理黄瓜幼苗，会促进雌花的发生，减少雄花。

（2）西葫芦3叶期用每公斤150～200毫克乙烯利液喷洒植株，以后每隔10～15天喷1次，共喷3次，可增加雌花，提早7～10天成熟，增加早期产量15%～20%。

（3）南瓜可参照西葫芦进行，3～4叶期叶面喷洒，可大大增加雌花的产生，抑制雄花发育，增加产量，尤其是早熟的产量。但处理效果因品种而有差异。

（二）促进果实成熟

（1）番茄催熟，可采用涂花梗、浸果和涂果的方法。

涂花梗：番茄果实在白熟期，用每公斤300毫克的乙烯利涂于花梗上即可。

涂果：用每公斤400毫克的乙烯利涂在白熟果实花的萼片及其附近果面即可。

浸果：转色期采收后放在每公斤200毫克乙烯利溶液中浸泡1分钟，再捞出于25℃下催红。

大田喷果催熟：后期一次性采收时，用每公斤1000毫克乙烯利溶液在植株上重点喷洒果实即可。

（2）西瓜用每公斤100～300毫克乙烯利溶液喷洒已经长足的西瓜，可以提早5～7天成熟，增加可溶性固形物1%～3%，增加西瓜的甜度，促进种子成熟，减少白籽瓜。

（三）促进植株矮化

番茄幼苗3叶1心至5片真叶时用每公斤300毫克乙烯利溶液处理2次，控制幼苗徒长，使番茄植株矮化，抗逆性增强，早期产量增加。

（四）打破植物休眠

生姜播种前用乙烯利浸种，有明显促进生姜萌芽的作用，表现出发芽速度快、出苗率高，每块种姜上的萌芽数量增多，由每个种块上1个芽增到2～3个芽。使用乙烯利浸种时，应严格掌握使用浓度，以每公斤250～500毫克浓度为适宜浓度，有促进发芽、增加分枝、提高根茎产量的作用。如浓度过高，达到每公斤750毫克，则对生姜幼苗的生长有明显抑制作用，表现为植株矮小、茎秆细弱、叶片小、根茎小，并导致减产。

如何妥善使用乙烯利?

（一）应急处理

当乙烯利泄漏时，迅速撤离泄漏污染区人员至安全区，并进行隔离，严格限制出入。迅速切断火源，建议应急处理人员佩戴自给式呼吸器，穿一般作业工作服。不要直接接触泄漏物，尽可能切断泄漏源。若是液体，防止流入下水道、排洪沟等限制性空间，用砂土吸收。若大量泄漏，构筑围堤或挖坑收容，接着用泵转移至槽车或专用收集器内，回收或运至废物处理场所处置；若是固体，用洁净的铲子收集于干燥、洁净、有盖的容器中。

（二）包装方法

可用塑料袋或两层牛皮纸袋外全开口或中开口钢桶；两层塑料袋或一层塑料袋外麻袋、塑料编织袋、乳胶布袋；塑料袋外复合塑料编织袋（聚丙烯三合一袋、聚乙烯三合一袋、聚丙烯二合一袋、聚乙烯二合一袋）；塑料袋或两层牛皮纸袋外普通木箱；螺纹口玻璃瓶、塑料瓶、复合塑料瓶或铝瓶外普通木箱；塑料瓶、两层塑料袋或两层牛皮纸袋（内或外套以塑料袋）外瓦楞纸箱。

（三）运输事项

铁路运输时包装所用的麻袋、塑料编织袋、复合塑料编织袋的强度应符合国家标准要求。运输前应先检查包装容器是否完整、密封，运输过程中要确保容器不泄漏、不倒塌、不坠落、不损坏。严禁与酸类、氧化剂、食品及食品添加剂混运。运输时运输车辆应配备相应品种和数量的消防器材及泄漏应急处理设备。运输途中应防暴晒、雨淋以及高温。公路运输时要按规定路线行驶，勿在居民区和人口稠密区停留。

（图：张凤仪）

046

如何防患土壤重金属污染？

什么是土壤重金属污染？

土壤重金属污染是指由于人类活动，土壤中的微量金属元素在土壤中过量沉积，致使土壤中重金属明显高于原生含量，并造成生态环境质量恶化的现象。主要特征有形态多变、难以降解。

根据相关调查研究表明，现阶段我国约有近 20% 的土地已经受到了严重的重金属污染，其总计面积约为 0.11 亿平方公里。不仅如此，我国农业粮食产量正在以每年 1000 万吨产量的速度持续锐减，遭受重金属污染的粮食产量达到了上千万吨，直接导致经济损失达到 200 亿余元。

我国土壤重金属污染总体呈现区域性分布的现象。其中，我国的东、中、西部地区由于区域不同，污染程度存在一定的差异性：中部地区污染较为严重，东部与西部地区的污染相对较弱。

土壤重金属污染有什么危害?

(1) 影响农作物的生长。土壤中重金属过多会对农作物带来直接伤害,导致植物的死亡;在重金属的胁迫下,有时会影响作物对氮、磷、钾营养元素的吸收,抑制作物生长,引起农产品产量下降;另外,土壤重金属污染可使农产品中重金属含量增加,导致农产品污染,影响农产品质量安全。实验表明,土壤中无机砷含量达 $12\mu g/g$ 时,水稻生长开始受到抑制;无机砷为 $40\mu g/g$ 时,水稻减产 50%;含砷量为 $160\mu g/g$ 时,水稻不能生长。

(2) 影响人体健康,破坏人体神经系统、免疫系统、骨骼系统等。例如,食入汞后直接沉入肝脏,对大脑、神经、视力破坏极大;镉会导致高血压,引起心脑血管疾病,破坏骨骼和肝肾,并引起肾衰竭;铅是重金属污染中毒性较大的一种,一旦进入人体将很难排除,能直接伤害人的脑细胞,特别是胎儿的神经系统,造成先天智力低下;钒对人的心、肺有危害,导致胆固醇代谢异常;锰超量时会使人甲状腺功能亢进,伤害重要器官;砷是砒霜的组分之一,有剧毒,会致人迅速死亡,长期少量接触会导致慢性中毒,另外还有致癌性。

土壤重金属可通过下列途径危及人体和牲畜的健康:通过挥发作用进入大气;受水特别是酸雨的淋溶或地表径流作用,重金属进入地表水和地下水,影响水生生物;植物吸收并积累土壤中的重金属,通过食物链进入人体。土壤中重金属可通过上述三种途径造成二次污染,最终通过人体的呼吸作用、饮水及食物链进入人体内。

如何预防并解决土壤重金属污染?

治理土壤重金属污染的途径主要有两种:一是改变重金属在土壤中的存在形态,使其固定,降低其在环境中的迁移性和生物可利用性;二是从土壤中去除重金属。详细措施如下：

（1）切断污染源：切断污染源就是采取有效措施以削减、控制和消除污染源，尽可能避免工矿企业重金属污染物的任意排放，尽量避免重金属输入土壤环境。

（2）提高土壤环境容量：土壤具有一定的自然净化功能，在调控与防止土壤污染时应充分利用这一特点，采取有效措施以增加和改善土壤胶体的种类和数量，增加土壤对有害物质的吸附能力和吸附量，从而降低污染物在土壤中的活性，增强土壤环境的自净能力，提高土壤环境容量。当输入土壤环境中的重金属污染物的数量和速度不大或土壤遭受轻度污染时，采取相应措施提高土壤环境容量，对于防止土壤污染的发生或减轻重金属对作物的污染危害是有效的。

（3）控制或切断重金属进入食物链：采取有效措施控制植物对重金属的吸收，减少重金属在植物体内，特别是在可食用部分的累积量，或利用非食用植物如树木、绿化用草等来吸收除去土壤中的重金属，从而达到控制或切断重金属进入食物链的目的。

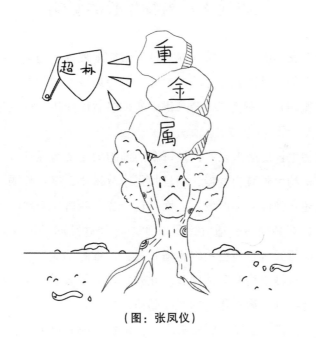

（图：张凤仪）

如何科学进行氮磷配对？

什么是氮磷配对？

氮磷配对是指在农作物种植过程中，因其生长环境不同，营养条件也不同，天然的土壤环境和大气环境不能满足农民对农作物品质的要求，所以不得不根据具体农作物的生长需要按照一定的氮磷比以肥料或营养液的形式添加氮和磷，促进农作物生长。

氮磷元素对植物生长的影响

无论什么农作物，氮、磷、钾三种元素需求最多，当然一些微量元素也是不能缺少的。其次就是土壤的水分、养分以及空气和湿度。在这里我们就只研究氮和磷，围绕氮、磷来讲解它们各自的作用，以及缺少氮、磷的表现有哪些。

氮是植物生长的必需元素，是每个活细胞的主要组成部分。在植物缺氮的时候，植物生长就会变慢，而且长得十分矮小，茎秆瘦弱，甚至还会早衰。缺氮还会使叶子逐渐发黄，而且还会提前脱落。当然不管是施肥还是补充光照，都必须讲究适宜，所以如果含氮过高同样也会影响植物生长。大量供应氮元素会使植物细胞增长过大、细胞壁变薄、细胞多汁、植株柔软，易受机械损伤和病菌侵袭。此外，过多的氮素还要消耗大量的碳水化合物，这些都会影响作物的产品品质。

磷同样也是植物主要组成元素之一，植物体内的核蛋白、核酸、磷酯等都含有磷，核蛋白是细胞核的主要成分。缺磷会导致植物生长迟缓、植株矮小、禾谷类作物常呈直立状、叶片与茎的角度小、叶狭小、叶色暗绿或灰绿色、缺乏光泽等。施用磷肥过量，会使作物从土壤中吸收过多的磷素营养。过多的磷素营养会促使作物的呼吸作用大大增强，从而消耗作物体内储存的糖分和能量。因此在植物生长过程中添加适量的氮磷肥对植物生长有重要作用。

氮磷配对施用的建议方法与范例

我国的土壤条件良好，却不能满足农作物生长需要。从我国农田养分情况来看，缺磷的地方往往也缺氮，所以氮磷配对综合施用能更好地提高农作物产量，这对提高氮、磷利用率十分必要。值得注意的是，不是所有的农作物生长都需要添加氮或磷，要根据实际情况来做出合适的安排。

（一）根据各类作物的需肥特性合理施肥

不同的作物对养分需要的种类、数量均有所不同，需要根据作物的需肥特性而定。如水稻、小麦、玉米等，需少磷、钾而多氮，应根据土壤条件，以施氮肥为主，配施磷、钾肥。豆科作物则需要较多的磷、钾肥，因其根部常有根瘤菌固氮，氮肥要求相对较少，可以少施氮肥。

（二）根据当地土壤肥力因地施肥

"测土配方施肥法"是一种较为有效的合理施肥方法，具体步骤包括：采集土样、土壤化验、确定配方、按方施肥、田间监测、修订配方等。根据土壤缺什么，确定补什么，选择切实可行的施肥方法和农艺措施，以发挥肥料最大增产作用。

（三）根据作物各生长期营养特性适时施肥

不同生长时期的同一作物对养分的吸收数量、比例也不尽相同。为了节约用肥和提高肥效，我们应该通过对施肥关键时期的准确把握，从而发

挥最佳肥效。例如小麦的拔节期、棉花的花龄期都是追施氮肥的关键时期，可以获得良好增产效果。

（四）有机肥料与化学肥料配合施用

有机肥料和化学肥料是两类不同性质的肥料，两者配合施用能取长补短、充分发挥整体肥效。

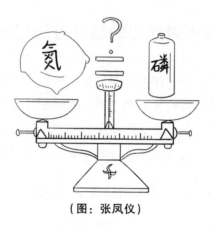

（图：张凤仪）

048

如何正确使用植物生长调节剂？

什么是植物生长调节剂？

植物生长调节剂是通过一系列化学方法合成的（或从微生物中提取的天然激素），具有和天然植物激素相似的生理作用的有机化合物。植物生长调节剂可广泛应用于植物，能促进种子萌发、促根、增产、抗逆及提质。它对植物生长也有多种调控作用，包括控长、抗冻、抗旱、耐涝、防治病虫害、高产等多重功效，达到稳产增产、改善品质、增强作物抗逆性等目的。迄今为止，人工合成的植物生长调节剂种类有很多，常见的有速效胺鲜酯（DA-6）、氯吡脲、复硝酚钠、芸苔素、赤霉素等。

植物生长调节剂的分类及作用有哪些？

早在20世纪30年代，科学家们就发现植物体内存在微量的天然植物激素，如乙烯、3-吲哚乙酸和赤霉素等，它们能调节和控制植物体内核酸、蛋白质和酶的合成，具有控制植物生长发育的作用。化学家们对这些天然激素阐明了结构以后，进行了人工合成，并且从这些化合物的衍生物或类似物中研究发现了与天然激素有同等效能甚至更为优越的人工合成激素。之后又陆续开发出矮壮素（2，4-D）、胺鲜酯（DA-6）、氯吡脲、复硝酚钠、α-萘乙酸、抑芽丹等植物生长激素，并逐渐推广使用，形成农药的一个类别。30多年来人工合成的植物生长调节剂已越来越多地应用到农业生产中。

植物生长调节剂根据对植物生长的影响不同通常可分为三大类，即包括生长素、细胞分裂素、赤霉素和油菜素甾醇的植物生长促进剂；以肉桂酸、香豆素、脱落酸和水杨酸等为代表的植物生长抑制剂；含矮壮素、多效唑（PP333）和烯效唑在内的植物生长延缓剂。

（1）生长素可以加快细胞分裂和生长，引诱细胞分化，改变植物的花期与坐果等，其中萘乙酸（NAA）是最常用的生长素，可诱导芽的伸长和生根。细胞分裂素可促进细胞分裂并减缓植物衰老，提升坐果率，同时也可通过提升侧芽的长势消除顶端优势。赤霉素则拥有打破植物体或种子的休眠、加快细胞的伸长和生长、增进长日照植物在短日照条件下开花、避免器官脱落的作用。

（2）植物生长抑制剂可能导致茎伸长，从而抑制植物的顶端优势，促进植物侧叶增多。譬如脱落酸这一典型的植物生长抑制剂可以在植物的耐受性中起重要作用，例如它可以诱导植物的抗旱性、抗寒性及抵抗盐碱

性等。常用的人工合成抑制剂主要有三碘苯甲酸、脱落酸和马来酰肼。

（3）植物生长延缓剂可抑制植株节间伸长，使得植株变矮，而又不妨碍植株分节，顶芽生长，对植株叶、花和果实的生成没有影响，因而植株叶片数量和整个形态都可保持不变。生长延缓剂与植物生长抑制剂的区别在于其效应能否被赤霉素所解除，前者的作用效应可以被赤霉素解除。

如何正确使用植物生长调节剂？

按照说明书或产品标签上标明的使用剂量、时期和方法，恰当地使用植物生长调节剂一般不会对人体健康造成影响。但如果操作不规范，很可能会出现作物过快增长，或者生长受到抑制，甚至造成作物死亡。在使用植物生长调节剂时具体的注意事项如下。

（一）用量要适宜

植物生长调节剂是一类与植物激素具有相似生物学效应的物质，必须适度使用。一般情况下，每亩用量只需几克或几毫升。随意加大使用浓度，不但不能促进植物生长，反而会使其生长受到抑制，严重的甚至会导致叶片畸形、干枯脱落、植株死亡。

（二）不能随意混用

很多菜农在使用植物生长调节剂时，为图省事，常将其随意与化肥、杀虫剂、杀菌剂等混用。植物生长调节剂能否和其他物质进行混用，必须在认真阅读使用说明并经过试验后才能确定，否则不仅达不到促进生长、保花保果的作用，反而会因混合不当出现药害。例如，乙烯利药液通常呈酸性，不能与碱性物质混用；胺鲜酯遇碱易分解，不能与碱性农药、化肥混用。

（三）使用方法要得当

有的菜农在使用植物生长调节剂前，常常不认真阅读使用说明，而是将植物生长调节剂直接兑水使用。是否能直接兑水一定要看清楚，因为有的植物生长调节剂不能直接在水中溶解，若不事先配制成母液后再配制成需要的浓度，药剂很难混匀，会影响使用效果。因此，使用时一定要严格按照使用说明稀释。

（四）生长调节剂不能代替肥料施用

生长调节剂不是植物营养物质，只能起调控生长的作用，不能代替肥料使用，在水肥条件不充足的情况下，喷施过多的植物生长调节剂反而有害。因此，在发现植物生长不良时，首先要加强施肥浇水等管理，在此基础上使用生长调节剂才能有效地发挥其作用。

（五）产品包装必须带标识

植物生长调节剂属于农药类产品，产品包装必须有正规"农药三证"，标示带为黄色。

（图：张凤仪）

如何合理运用植物激素？

什么是植物激素？

相信对于大部分人来说"激素"不是一个陌生的词汇，生活中我们能见到和听到各种各样的激素，然而植物激素又是什么呢？

植物激素也称植物天然激素或植物内源激素，是指植物体内产生的一些微量而能调节（促进、抑制）自身生理过程的有机化合物。

植物激素在植物的发育结果、繁殖等方面都有着不可或缺的作用，它能调节植物的生长发育周期，仅需很低的浓度就能极大地调节植物的各项生理机能，对于农业生产有着极大的帮助。

植物激素的分类

植物激素分为天然激素与人工合成激素。

（1）天然激素已知有六种，分别为生长素、赤霉素、细胞分裂素、脱落酸、乙烯和油菜素甾醇，它们由植物自身生产，能相互作用，共同促进植物的正常发育，然而植物体内含有的天然植物激素非常少，很难被人们提取利用。

（2）人工合成激素则是人们找到的可以替代植物激素起到相同作用的化学物质，可以被大规模生产利用，是当今用于农业生产的植物激素的主要来源。

植物激素的应用举例

由于植物激素在植物生长过程中发挥着不可取代的作用，因此被广泛应用在农业生产中，以下是几个简单举例。

（一）促进插迁生根

促进木本植物的插根生条是生长素最早的应用之一。由于生长素能够促使植物生根，因此多被应用在一些不易生根的森林树木和观赏植物的插扦；而在草本植物如花卉、蔬菜上也有应用，如大白菜及甘蓝的采种、茄果类及瓜类植物优良特性的遗传等。

（二）控制休眠

控制休眠主要是在两个方面的应用：一个是抑制休眠，延长储存期；另一个是打破休眠，促进发芽。利用萘乙酸甲酯来延长马铃薯在储藏期的萌芽，这也是植物生长调节剂在农业生产上最成功的应用，世界上数以百万计的土豆都以此种方式保存，我国目前也主要应用此种方式保存马铃薯；此外也有利用乙烯打破甘薯的休眠，促进发芽的应用。

（三）防止徒长，抑制壮苗

许多生长抑制剂如矮壮素、比久等可以抑制茎叶徒长，使植株矮化，枝条短缩、粗壮，叶色浓绿。如对于棉花，可用矮壮素防止茎叶徒长，可减少蕾铃的生理脱落。

从上述案例可以看出现在生长激素在农业方面已经有了广泛而有效的应用，由于生长激素在农作物生长中不可或缺的作用及其用量少、作用大的特点，使其受到人们的青睐，在指导下应用适量且适当的植物激素能事半功倍，而且可以利用植物激素培育出营养价值更高更易于培养的农作物。植物激素的应用对于整个农业生产的作用都是不言而喻的。

植物激素对人体是否有害

　　近年来无数与激素有关的问题食品出现使人们对于激素抱有一定的警惕心，那植物激素的应用是否也对人体有害呢？关于这点其实是不用担心的，植物体内生产的天然激素对人体是无毒的，而人工合成的植物激素大多都是低毒化合物，对人体影响是极小的，因此只要是在指导下适当地使用植物激素就无须担心。

（图：贺婷婷）

植物烧苗怎么办？

什么是植物烧苗？

简而言之，如果因为肥料施用过多等原因，出现花和花苞全部萎蔫掉落，并且叶片出现大面积黄黑斑，类似被火烧一样的痕迹，就是烧苗。比较科学的说法就是，如果一次性施肥过多或过浓，就会造成土壤溶液的浓度大于根毛细胞液的浓度，结果使根毛细胞液中的水分渗透到土壤溶液中，这样根毛细胞不但吸收不到水分，反而还要失去水分，从而使植物萎蔫，这是植物烧苗的成因。

植物烧苗有什么表现？

（1）植物的生长停止，或者植物的生长明显减慢；

（2）植物的叶片开始发黄发黑直到萎蔫，植物的叶片质地开始变软，而且叶片的边缘开始卷曲，叶片的尖端开始逐渐枯黄；

（3）植物的茎开始发黄发黑，植物之间的节间也开始缩短。

什么行为会导致植物烧苗等肥害？

（一）营养土配制不当

营养土配制不当，加入过量氮肥或不腐熟的有机肥，或根外追肥浓度

使用过高，农作物发生肥害时还会出现落叶烂根现象。

（二）粪肥腐熟不彻底

肥害农作物被移栽到大田后，如果所采用的粪肥腐熟不彻底或未经腐熟，它们在土壤中发生腐烂分解，会产生热量而烧坏农作物的根系。

（三）喷肥浓度过高

叶面喷肥造成的肥害，同苗床根外追肥的症状一样，也是由于喷施的浓度过高，或者喷施的时间不恰当导致的。

如何应对植物烧苗？

（一）休眠不施肥

植物分为两种，一种是休眠的植物，另一种是生长和开花的植物，它们不休眠。休眠的植物已经完全停止生长，也不会开花，如果这时给它补充肥料只会导致肥料浓度过大出现烧根烧苗的情况。所以对于休眠的植物，在夏季只需要保证土壤的微微湿润，定期浇水，保证环境的通风度，它就能够安稳地度过夏天。

（二）肥料浓度过大

夏季本身温度非常高，植物的长势会变得非常快速，浇水频率也会变高。如果这个时候施肥，肥料浓度过大就会导致植物出问题。因为夏季温度高，植物的水分蒸发快，植物需水量也会比较大，植物的叶片和茎秆的毛孔会张开消耗大量的水分，这个时候如果肥料浓度稍微大一点，一旦浇水，根系就会快速地吸收水分，吸收水分的同时就会把大量的肥料吸收到体内，植物本身消耗不了这么多肥料，就容易导致叶片出现焦枯等情况，也就是我们所说的烧叶。

（三）施肥时间的选择

夏季有的时候温度非常高，我们应该什么时候去给植物施肥呢？可能有人会说，只要缺水了就施肥，到时候直接施到土壤当中就可以了，这样做是不对的。我们要做的是早晚施肥。建议施肥的最佳时间段是在晚上，因为晚上温度相对低一些，植物的根系活性更强，长势也会更快，在夏季中午的时候，光照温度非常的高，植物也会长得相对慢一些。

（四）根据长势选择频率

那么多种植物，各有各的不同，因此施肥的频率也会不同。那么我们应该怎么去调节施肥的频率呢？主要是看长势，比如某些植物在夏季长得非常的快速，这个时候可以多施上几次肥，如一个月两到三次。如果某些植物在夏季的时候长得比较慢，只有在春秋季节是长得最快速的，则这时只需要一个月补充一次就可以了。保证土壤中有养分、浇水的时候植物吸收水分的同时能够吸收一些养分，根系能够正常地生长，不会出问题就可以了。所以千万不要施肥频率太高了，要根据植物去选择，根据长势去选择。

（图：贺婷婷）

如何防治植物病害?

什么是植物病害?

植物病害是指植物在生物或非生物因子的影响下,发生一系列形态、生理和生化上的病理变化的现象。在农田,植物病害影响着农作物的长势和产量,继而影响农业的经济效益。植物病害的病症主要分为变色、坏死、腐烂、萎蔫、畸形。

植物病害的分类及其标准是什么?

植物病害根据病原种类可分为侵染性病害和非侵染性病害,分类依据为其是否由生物引起病害。

(一)侵染性病害

侵染性病害由生物引起,是植物病原物在外界条件影响下相互斗争并导致植物生病的病害,具有感染性。常见的植物病原体有黑粉病、锈病、腐霉、霜霉、土壤杆菌、支原体、衣原体、马铃薯 Y 病毒、菟丝子、列当、线虫等,其中以真菌性病害为最,如水稻瘟病、小麦锈病、棉花的萎蔫病等。

(二)非侵染性病害

非侵染性病害由非生物引起。植物对各类环境因素的适应能力有一定限度,如果植物所处环境中某些物理因素如光照、水分、温度不足或化学因素如营养元素失调、生存环境发生恶化，这些因素连续不断地影响植物并超过了植物的适应忍耐限度，就会对植物生长发育产生不利影响，扰乱其正常生理代谢活动，甚至对植物造成严重伤害，使植物在生理和外观上出现异常，产生病变。

为什么要进行植物病害的防治？

（一）植物病害防治的重要性

植物病害对于全世界都是一个难以攻克的课题。近些年，植物病害的发生率和危害度在逐步攀升，防治的难度不减反增，严重地威胁到农民增产增收与粮食安全。粮食是人类赖以生存的基本物质，事关每个人，所以进行有效的植物防治是必要手段。

（二）我国植物病害防治存在的问题

中华人民共和国成立以来，我国植物病害生物防治受到了国家及相关部门的高度重视，研究深度和广度逐年增加，取得了长足的发展，我国农用抗生素研究已处于世界先进水平。尽管我国在这方面取得了一些研究成果，但仍存在许多问题：

1. 化学防治中化学农药的滥用

长期以来大众对于化学防治的观念就是：植物病害防治就是化学农药的使用。这种错误的观念使得化学农药在植物病害防治中用量越来越大，甚至有时候出现滥用现象，进而造成生态环境的污染，同时打破了农田生态系统的平衡，也使得农产品品质不过关。并且，化学农药的大量使用，会增加有害生物的耐药性，形成恶性循环。

2. 植物病害防治中重治轻防

农民对相关知识了解、重视程度不够，常常是出现了问题才想到要救

治，很少会采取预防性的措施。

3. 植物病害越防治越严重

生态系统有其自身的调控功能和自然法则，对植物病害防治忽视生态系统的自我调控能力，必然会因为人的过分干预行为而破坏农业生态系统的平衡。

植物病害防治方法有哪些？

（一）植物检疫

植物检疫是通过法律、行政和技术手段，防止危险性植物病、虫、杂草和其他有害生物的人为传播。植物检疫的保护工作包括预防（或杜绝）、铲除、免疫、保护和治疗五方面。

（二）抗病育种

抗病育种是利用作物不同性质对病害侵染反应的遗传差异，通过相应的育种方法，选育耐病、抗病或免疫新品种的技术。选育抗病品种与其他防治方法比，效果稳定、简单易行、成本低，能减轻或避免农药对蔬菜产品和环境的污染，且有利于保持生态平衡。

（三）农业防治

农业防治是调整和改善作物生长环境以增强作物的抵抗力，创造不利于病原体、害虫和杂草生长或传播的条件，以控制、避免和减轻危害。

农业防治的主要措施有：开垦荒地，兴修水利，轮作，耕犁，调节作物的播、植期，清除杂草和清洁田园，排灌水，施肥，利用作物抗性品种等。

（四）化学防治

化学防治是用农药防治植物病害的方法，也称药剂防治。建议在有害生物大量发生而其他防治不能立即奏效的情况下采用，能在短时间内将种群或群体密度压低到经济损失允许水平下，防治效果明显，且很少受地域和季节限制。

（五）物理机械防治

利用物理因子或机械作用对有害生物生长、发育和繁殖等进行干扰。常用的方法有：

（1）光的利用：根据有害生物对光的反应进行诱集或诱杀。

（2）温度的利用：利用自然或人为控制条件，使环境温度和湿度不利于有害生物的生长、发育、繁殖，甚至直接导致其死亡，以达到防治的目的。

（六）生物防治

生物防治是利用一种生物对付另一种生物的方法，可分为以虫治虫、以鸟治虫和以菌治虫三类，它最大的优点是不污染环境。

（图：贺婷婷）

052

如何科学防治水污染
对农产品的危害？

什么是水污染？

就目前我们生活的环境而言，水污染是指有害化学物质造成水的使用价值降低或丧失。污水中的酸、碱、氧化剂，以及铜、镉、汞、砷等化合物，苯、二氯乙烷、乙二醇等有机毒物，会毒死水生生物，影响饮用水源、风景区景观。污水中的有机物被微生物分解时会消耗水中的氧，影响水生生物的生命，水中溶解氧耗尽后，有机物进行厌氧分解，产生硫化氢、硫醇等难闻气体，使水质进一步恶化。水污染主要分为工业污染、农业污染和生活污染，其中农业污染对农户的生产生活造成了巨大影响。

水污染对农业的危害有哪些？

众所周知，水资源在农业的生产中发挥着重要的作用，其水质的好坏直接影响到农产品的质量和收成，如果灌溉水遭遇污染，不仅会导致农作物减产，还会引发土壤及周边环境恶化，对人畜健康造成危害。基于以上几点，水污染对农产品的危害可以分为以下三点来阐述：

首先是污水中的氮元素产生的危害，虽然农作物生长需要吸收大量氮元素，但若农田灌溉水中的氮元素过量会导致农作物营养失衡，容易遭受病害威胁，不仅会引起作物的倒伏、徒长、抗逆性差等问题，还会破坏土质原有的酸碱平衡。

　　其次是工业污水的危害，工业污水如果未进行特殊处理就直接经工厂排放到江河湖泊中，再经过水循环变为农业灌溉用水，其中含有很多的重金属，而农作物吸收了污水中的重金属后，根系的生长受到抑制，引起农作物的变质，通过生态系统的食物链进入人体长期积累会对身体健康造成严重威胁，且这种危害往往是不可逆的。同时，工业污水中通常含有高浓度的盐分，高浓度的盐分可以使得植株在短时间内脱水过多致死，影响农作物的产量。含有工业污染物、有害物质的污染水直接灌溉农田后，进入农田生态系统，会破坏农田土壤中的生态平衡，改变土壤的酸碱度，造成土壤肥力下降，破坏其原有的养分和结构，使土壤肥力在几年之内无法恢复，甚至造成不可逆的损害，农作物的生长环境被损坏会引发减产甚至绝收。

　　最后是有机污水对农业生产的危害，如果灌溉水的有机物含量严重超标，其中的甲烷、丁酸、醋酸无法被农产品吸收，还会对农产品的生长产生抑制作用，造成农产品减产等问题。

如何科学防治水污染？

　　节约水资源，防治水污染，国家和公民都应尽自己的一分力。对于国家而言，应健全相关法律法规，积极建设水环境管理制度，明确治理部门的职责。面对肆意排放污水、废水等现象，我们必须采取积极的措施来提高水环境管理效率，为大家提供安全健康的水源。但在与水污染与水资源相关的法律法规中的一些内容是冲突或者交叉的，这就严重影响了水管理效率的提高。因此，想要提高水环境管理的效率，相关部门应积极健全水环境管理制度，且在构建水污染治理制度时应明确各个治理部门的工作内容，以及在工作内容中明确所应承担的责任。

　　对于个人而言，首先，我们得节约水资源，不随意浪费，做到一水多用，减少水的无效利用。其次，作为农户而言，在农业生产中，应合理使用灌溉水，并适当使用化肥和农药，减少农业污染，在发现周围工厂直接排放工业废水时，及时向当地的村委会或有关部门进行举报，共同努力，

创造一个良好的生活环境。

（图：贺婷婷）

053

如何避免大米受到镉污染？

什么是镉污染的毒大米？

镉污染的毒大米是指在含有过量重金属镉的土壤中种植成熟的镉成分严重超标的大米。被镉污染的大米的颜色纯白，颗粒也很饱满，如果没有专业的仪器，人的肉眼是很难将它与普通大米分开的。据 2002 年的一次大米抽查显示，市面上很可能有 10% 以上的在售大米存在着镉含量超标的问题。此后，国家虽然出台了相关措施，但毒大米依旧是屡禁不止。且这些毒大米中的大多数，最终都出现在了全国各地家庭的餐桌上。

镉污染的毒大米是从哪儿来的？

据有关研究表明，用于水稻种植的土壤和灌溉用水中重金属含量超标是最主要的因素。20 世纪八九十年代，受改革开放的影响，我国工业发展迎来了一个较快的上升的时期。与此同时，相应的环保措施却没有跟上时代的脚步。相关工矿企业甚至是一些上级主管部门环保意识淡薄，单纯追求经济效益，对于环境污染视而不见，大量的工矿业废水不经任何处理就肆意地向沟渠、河道排放。这些工矿业废水中所含的大量重金属污染物就这样污染了流经地区的土壤和水体。而在水稻生长过程中，种植土壤和灌溉用水中所含的镉也就这样被水稻所富集，最终成为毒大米。

其次，不合理施用磷肥造成的镉污染，也是大米富集镉的一个重要途径。作为最常用的三大化肥之一，磷肥被广泛用于农业生产，其主要原料是磷矿石，天然伴生镉，每千克磷肥中的镉含量从几毫克到几百毫克不等。目前国际公认错误施用磷肥会造成土壤镉污染。在部分欧美国家，磷肥中的镉含量被严格立法限制。但一些农户为了使水稻增产，会大面积使用磷肥，导致土壤中镉含量超标，最后引起水稻的镉污染。

镉污染的毒大米有哪些危害？

长期食用毒大米等受镉污染的食物会导致镉元素在肝、肾等部位慢性积累，最终出现镉中毒症状，并引发骨骼的各种病变，其中最典型的就是"痛痛病"。这种病症最早出现在日本，早期表现为腰、手、腿、脚等关节疼痛。在症状持续几年后，患者的各个关节都会剧痛难忍，逐渐失去行动能力。患病后期，患者身体各处都会出现肌肉萎缩、骨质疏松等症状，全身疼痛，无法进食，一个轻微的动作都有可能引起骨折，最终在极度疼痛中死去。由于疼痛，患者会忍不住大叫"痛啊！痛啊！"，这种病也因此得名为"痛痛病"。

如何防止大米受到镉污染？

由于大米中的镉主要是从土壤、灌溉水等环境中富集而来，因此防止大米中镉超标的根本之道在于环境治理，从源头上加以预防，做好农田科学规划和食用农作物安全种植。

对于农民来说，首先种植地应尽量远离工业区、生活区，减少工业废水、生活污水等对农田的镉污染。防止环境中的镉富集到大米中，形成毒大米。

其次，在水稻种植期间，要严格控制含磷肥料的使用，杜绝多用滥用，减少肥料中镉的摄入，有效降低水稻对镉元素的富集，保障水稻的优良种植环境。

最后，农户还可以选育良种，即选择那些对镉富集能力并不强的水稻品种。2017 年，中国"杂交水稻之父"袁隆平带领的研究团队取得了一项重大的研究成果——水稻亲本去镉技术。它的做法是定点突变水稻吸收镉的基因，从而有效阻断水稻对镉的吸收，降低水稻的镉含量。虽然这种类型的水稻仍处在试验当中，但相信在不久的将来，这种水稻一定可以进入市场，成为农民解决大米镉污染问题的重要手段。

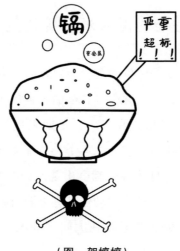

（图：贺婷婷）

如何防治毒生姜?

什么是毒生姜?

毒生姜,顾名思义即生姜里含有毒性,本质就是用硫黄熏制的生姜。不良商贩将品相不好的生姜用水浸泡后,使用有毒化工原料硫黄对其进行熏制。在外观颜色上,这种生姜比普通生姜娇黄嫩脆,如此一来,便可凭借其光鲜的外表在市场销售上牟取暴利。

毒生姜会给个体和社会带来哪些危害呢?

(一) 对人体的危害

(1) 硫黄熏制后的生姜具有较强的毒性,如果是经常食用,轻则引起胃肠功能紊乱,出现腹痛、头晕等症状,重则将导致人体内相关组织器官慢性衰竭。

(2) 长期食用毒生姜,会对人的肝肾功能造成损伤。商贩用来熏制生姜的硫黄可能含有重金属等杂质,从而对人体健康构成更为严重的威胁。

(二) 对环境的危害

硫黄熏蒸产生的二氧化硫气体是大气的主要污染物之一,大批量生产毒生姜会对环境造成不可逆的伤害。部分小商贩滥用类似于神农丹的剧毒农药,会造成土壤污染甚至是地下水质污染。

如何辨别毒生姜？

一闻：检查生姜表面有无异味或硫黄味，普通的生姜会有自然的芳香，而有毒的生姜会有一股刺鼻异味。

二尝：将生姜掰下一小块尝后，如发现姜味较淡，或是有其他杂味，则很有可能为毒生姜。

三看：颜色较鲜艳的，表面光滑的，外表非常水嫩，表皮容易被搓掉的，掰开内外颜色差别大的多为毒生姜，而普通的生姜外表是粗糙干燥的，明显颜色会偏暗一些，且表面掺有少量泥土。

四放：普通生姜的保质期比较久，而毒生姜暴露在空气中没几天就会发霉变质。

面对毒生姜的危害我们该怎么做？

（一）作为消费者

作为消费者，应该学会擦亮眼睛，多学一些生活小常识，挑选优质合格的生姜，为自己的健康保驾护航，让黑心商贩无民可欺，无路可走。同时，当发现身边存在毒生姜时，请拨打 12315，拿起法律武器坚决维护作为消费者该有的权益。

（二）作为相关监管部门

作为相关监管部门，应加强对生姜的监管和执法力度，全心全意为人民服务，让老百姓吃得放心。

（三）作为生产种植农户或销售的商贩

一方面表明立场，坚决抵制毒生姜，另一方面用科学合理的方法种植出品质好、产量高的生姜，从而提高生姜的售价，改善生活水平。科学种植具体有以下几个要点：

1. 种植环境

（1）土壤：选择上层深厚、疏松、肥沃的土壤种植，采用疏松的土质可以保证生姜的根部更好地进行呼吸作用。

（2）温度：选择适宜的温度种植。温度过高容易导致干旱现象的出现，温度过低影响生姜的生长速度，并伴有营养不良甚至停止生长的风险。

（3）光照：适宜的光照有杀虫效果，可防止病害现象的发生。生姜属耐阴性植物，散射性光对生长有利。

（4）水分：在种植的过程中，保持充足的水分，不同时期浇灌的量不同。但夏季暴雨或秋季连绵阴雨时，应及时排水，避免积水淹没农田造成生姜的大面积腐烂。

2. 种植技巧

（1）肥料：种植生姜前，先施加底肥，帮助生姜根部从土壤中吸收充足的养分。后期生长过程中，再不断地追肥。注意苗期以氮肥为主，根茎膨大期应多施钾肥。

（2）害虫：早发现早抑制，杀虫剂一定要到正规商店购买。

（3）管理：在前期适时播种、合理密植。在后期生长中，多次追肥、适时遮阴、中耕培土，防止杂草与生姜争夺养分。

（图：贺婷婷）

如何培育菌菇类食品？

什么是菌菇类食品？

菌菇类食品也可称为食用菌，它是菌类中的一种，而食用菌又有多种分类，平常生活中常见的有木耳、银耳、灵芝、猴头菌、香菇、平菇、草菇等。而市面上大多数的菌菇类食品都是通过直接采摘或工厂加工包装制成的。

菌菇类食品有哪些好处？

菌菇类食品和人类关系极为密切，许多种类都可食用或医用，例如，利用酵母烤面包和酿酒，从霉菌中提取药物（如青霉素），食用菌如木耳、冬菇等。并且菌菇类食品营养价值高、味道鲜美、高蛋白、无胆固醇、低脂肪、低糖、多氨基酸、多矿物质，营养价值可以说是达到了植物类食品的顶峰，被称为长寿食品。在药用价值方面，菌类食品具有健胃养脾、保肝解毒、降低血糖等诸多功效。

怎样培育菌菇类食品？

科学培育菌菇类食品涉及的内容颇多，故以木耳与猴头菌培育方法为例，并简要介绍菌菇类食品储存方法以及虫害防治。

（一）木耳培育方法

1. 培育时间

木耳多选在春秋两季种植：秋季大多选在 9 月中旬到 10 月中旬之间种植。从接种到出菇在 40～50 天左右，生产周期一般都是 110～125 天左右，秋季能给予木耳充分的生长时间，在来年 4 月差不多就能采收；春季是在 3 月左右接种，10 月左右就开始产孢生长。

2. 培育环境

木耳培育时对环境有一定要求，木耳的菌丝生长大多数都在 21℃～30℃左右的环境，子产孢生长以 20℃～30℃最适合。在早春的时候温度比较低时，可以加温来调节，气温比较高时可用木屑、碳酸钙、麸皮来降温。

3. 栽培菌丝

栽培的时候要选有木屑清香味，菌丝洁白，均匀，生长健壮的栽培种，接种的时候要做好种室消毒工作，量可相对多一些。初期控温在 27℃～28℃之间，菌丝成活后定植，控温在 24℃～25℃之间，大概 40～45 天的时间菌丝就发满袋了。

4. 出耳管理

等出耳之后要保证一定的湿度，多通风，勤喷水，且喷水要均匀。温度适宜时可多淋雨，这样耳片会长得更大，更好。若是温度低，就要适当控温，覆盖上塑料膜来保温保湿。

（二）猴头菌培育方法

1. 培育时间

菌丝生长温度为 10℃～33℃，子实体生长温度为 12℃～24℃。顺应自然气温的生产季节，应在秋分（9 月下旬）接种，至小雪（11 月下旬）

出菇 1 ~ 2 批，翌春再产一批菇。山区可采取早春 1 月接种，加温发菌培养，3 ~ 4 月份长菇。

2. 培育环境

出菇期温度应在 16℃ ~ 20℃ 之间。在适温下，从小蕾发育成菇，一般 10 ~ 12 天即可采收。

3. 采收

在环境条件适宜的情况下，猴头菇从菌蕾出现，到子实体成熟，一般需要 10 ~ 12 天。有的还可以提前 8 ~ 10 天成熟。作为菜肴保鲜应市或盐渍加工的猴头菇，在菌刺尚未延伸或已形成但长度不超过 0.5 厘米，尚未大量释放孢子时采收。此时色泽洁白，风味鲜美纯正，没有苦味。

（三）菌菇类食品的储藏方法

1. 冷藏

冷藏为一种十分常见的贮藏方法，食用菌的冷藏温度一般为 0℃ ~ 6℃，相对湿度为 85% ~ 90%。

2. 石蜡密封贮藏

适用于小型小数目菌种贮藏，将石蜡切成 7 厘米见方，通过高温杀菌为瓶口消毒，将菌种放入无菌瓶中，用石蜡封口。

3. 其他贮藏技术

储藏菌菇类食品同样有辐射处理、化学药品或植物生长调节剂处理、电磁处理及减压保鲜等多种方法。

（四）虫害防治

1. 物理防治

在菇场安装防虫网、纱窗等；大家进出菇房的时候，一定要随时将门关好，不要让蝇、蚊成虫飞进来，以免其在菇房里产卵。在发菌期间，要注意温差，温差不可过大。在出菇期间，为了使病虫害的发生次数有所减少，需要避免高温高湿情况。

2. 生物防治

当前菌菇类产品培育中已经投入使用的药品种类有细菌制剂、植物制剂等，将其应用于具体的实践中，可以有效地防治一些食用菌病虫害。

（图：李冠羽）

056

如何避免食肉菌感染？

什么是食肉菌？

噬肉菌，又称为食肉菌，食肉菌并非单一细菌，而是指由不同细菌引

发的坏死性筋膜炎，是对链球菌或者能造成肌肉组织损坏的菌类总称。诸如 A 型链球菌和金黄色葡萄球菌等细菌能够通过患者的表皮伤口、淋巴等感染患者的皮肤组织。

因这些病菌会感染皮下的筋膜引起发炎，临床病程快速而严重，死亡率高，所以才被冠上吓人的"食肉菌"名称。

食肉菌为什么恐怖？

60 多岁的王大爷（化名），突然在家晕倒，送医后医生发现其右腿肿胀明显、布满紫斑，由于多脏器衰竭，马上被转进 ICU。这是意外吗？其实不然，据其家属透露，王大爷 3 天前曾买过沼虾，处理时被"虾枪"刺了一下。医生得知情况后及时进行了细菌培养，最终找到了病因——是感染了"食肉菌"引起的坏死性筋膜炎。食肉菌专门"吃"脂肪和筋膜，如果没有第一时间清除，很快就会发展为中毒性休克，多器官功能衰竭，直接危及患者的生命。而由于食肉菌在王大爷体内已经"吃"疯了，尽管及时进行了三种抗生素联合应用，也做了充分的清创，还是达不到理想的效果，最终王大爷因出现严重的多脏器功能衰竭，抢救无效离世。而从他送医到离去，仅 3 天时间。

由此可以看出，这种病菌非常危险，容易在海鲜上出现，垂钓、潜水或是在街市买海产，都有机会感染食肉菌，但在众多感染途径中，吃生蚝风险最高。如果不小心被买回来的海鲜弄伤了手，记住要马上用消毒药水清洁，不可随意处理，它会释放出可溶解组织的毒素，可透过伤口入侵皮肤深层组织甚至筋膜等多部位，从而导致败血症、多重器官衰竭，甚至直接致死。死亡率高达 55%～57%，可见其有多凶残。这种病菌会侵蚀肌肉，严重的话可能会在 24 小时之内致命。这种病菌的别名是"创伤弧菌"，如果出现上述症状，必须马上就医，不可拖延。

如何避免食肉菌感染？

香港大学感染及传染病中心专家指出，食肉菌可由不同的细菌引致，最常见的是甲类链球菌，创伤弧菌可以引起坏死性筋膜炎。

创伤弧菌通常存在于温暖的海水中。环境性因素，如温暖的海水，能增加贝壳类海产（如蚝、蚬及青口贝等）内创伤弧菌的数目，但很少引起人类皮肤发炎感染。不过，免疫力低下的人，如糖尿病患者、慢性肾病患者及肝病患者等则要小心，若被这些海产刺伤皮肤，致病菌可从伤口入侵。

所以，如在处理海鲜时弄伤手，应及时以清水冲洗伤口。如出现受感染的症状，如皮肤红肿、疼痛、发热等，应立即就医。最有效的预防方法是妥善消毒及包扎伤口，如果出现上述症状，必须马上就医，不可拖延。

（图：李冠羽）

057

如何种植并利用食用菌？

什么是食用菌？

什么是食用菌呢？在人们的眼中，"蘑菇"就等同于"食用菌"。的

确，但是这个说法并不准确，比如有毒的蘑菇就不是食用菌。如果给它下一个科学的定义，食用菌就是指高等真菌中可以供人们食用的大型真菌。现在被发现以及鉴定的食用菌有很多，它们在分类上属于不同的纲、科、属、种。而我们所说的高等真菌是指在生长发育到一定阶段能够形成实体的一种真菌。常见的野生食用菌有牛肝菌、羊肚菌、榛蘑、松蘑等，经常栽培的有平菇、香菇、黑木耳等。世界上已被发现的真菌达12万余种，能形成大型子实体或菌核组织的达6000余种，可供食用的有2000余种，能大面积人工栽培的只有40～50种。中国有近900种野生食用菌，已进行商业化栽培的有50余种。

食用菌的生长条件以及分布

（一）温度

温度是影响食用菌生长的重要因素。如果温度保持在一定的范围内，温度升高，食用菌的生长速度、代谢速度则会随之升高。但是温度过高，食用菌的细胞等将会受到破坏，从而导致食用菌大量死亡。因此在养殖过程中需要注意温度的控制，以便达到更好的生长效果。

（二）水分和湿度

水分是影响食用菌生长的重要组成部分，食用菌生长过程的大部分都是靠水来完成的。菇房过湿，子实体将会发育不良，常表现为只长菌柄不长菌盖，或者盖小肉薄。在养殖时必须保证繁殖厂内有充足的水分以及达到适宜的空气湿度，以防止其体内水分的过度蒸发。

（三）光照

食用菌不需要直射光。在直射光下培养，不利于食用菌生长。食用菌的菌丝生长阶段不需要光线，但是大部分食用菌在子实体分化和发育阶段都需要一定的散射光。因此在养殖时应根据子实体形成时期对光线的要求，给其提供相应的光线条件。

如何种植并利用食用菌

（一）在养殖方面

1. 选择优良菌种

生产时我们要选用生命力高的菌种，然后在食用菌培养过程中进行提纯，这样可以很好地保持菌种的优良性状。

2. 配制适宜的培养料

由于大多数食用菌喜欢偏酸性环境，所以将培养料的 pH 值适当调低，可抑制杂菌繁殖。另外，木屑培养料可以很好地抑制杂菌的繁殖，更好地保护食用菌。

3. 创造适宜的环境

食用菌栽培过程中，可根据大多数菌种（除草菇）都要求较低温度，而杂菌多数喜高温的特性，采用适当的降温培养方法。从湿度来看，食用菌丝生长阶段要求较低的空气湿度，因此我们要适当降低湿度，促进其生长，并且抑制杂菌。

（二）在产业方面

（1）要选择适合的食用菌产业类别，明确产业的发展规划，转变产业结构，加大科技的投入力度，更好地提高生产效率，全面提供技术支撑，并且实现产业链完整。

（2）积极响应国家的扶持，接受社会的援助，进一步夯实贫困地区食用菌产业可持续发展基础，巩固已经取得的食用菌产业扶贫开发成果，确保贫困地区食用菌产业长期稳定发展。

（图：李冠羽）

058

如何保障农产品加工的环境卫生？

什么是农产品加工？

农产品加工是利用物理、化学和生物学的知识，运用各种方法将农业的主、副产品制成各种食品或其他用品的生产活动，是农产品由生产领域进入消费领域的一个重要环节。农产品加工主要包括粮食加工、饲料加工、榨油、酿造、制糖、制茶、烤烟、纤维加工以及果品、蔬菜、畜产品、水产品等的加工。农产品加工可以缩减农产品的体积和重量，便于运输；可以使易腐的农产品变得不易腐烂，保证品质不变，利于市场供应；还可以使农产品得到综合利用，增加价值，提高农民收入。

中国农产品加工的重要性及不足之处体现在哪里？

随着农业的进步和工业的发展，农产品加工业逐渐成为国民经济发展颇具潜力的增长点。但总体而言，与国际先进水平相比，我国农产品加工业仍然存在着技术水平和装备落后、农产品加工机械性能低、农产品加工产业化体系尚未形成、农产品加工转化率低、科技投入及成果转化不足、资源浪费和环境污染现象严重等问题。

民以食为天。食品安全问题是一项关系到人民健康、社会稳定、国家强大的重大问题，而农产品的安全问题又是食品安全的重要内容。在农业生产中，化肥、农药的利用对土壤及农产品的影响常常为人们所重视。伴随着人民对食品安全意识的提高，农产品加工这一较为隐秘的工序也逐渐为人们所重视。

目前，我国农产品的生产加工过程中存在一些食品安全问题。首先，生产环境不符合卫生标准。许多食品的生产加工过程没有采取严格的卫生措施，其制作场地简陋，即使是一些品牌食品的加工过程也不完全符合国家规定的卫生标准。其次，生产过程的卫生条件较差。主要表现在食品生产人员自身的卫生条件和生产工具的卫生条件较差。最后，生产原料存在不合格隐患。某些食品生产企业，主要是个体和私营商品加工企业为了牟利，不惜使用不合格原料甚至用有毒有害和过期变质的原料加工食品。

如何保障农产品加工的环境卫生？

（1）保持内外环境整洁，采取消除苍蝇、老鼠、蟑螂和其他有害昆虫及其滋生条件，与有毒、有害场所保持规定的距离等环境措施。

（2）农产品生产经营企业应当有与产品种类数量相适应的食品原料处理、加工、包装、储存等厂房或者场所。

（3）应当有相应的消毒、更衣、盥洗、采光、照明、通风、防腐、防尘、防蝇、防鼠、洗涤、污水排放、存放垃圾和废弃物等的专业设施设备。

（4）食品不得接触有害物有毒物、不洁物。设备布局和工艺流程应当合理，避免待加工农产品与直接入口的食品原料、成品交叉污染。

（5）餐具、饮具和盛放直接入口食物的容器，使用前必须洗净、消毒；炊具、用具用完后必须洗净，保持清洁。

（6）储存、运输和装卸食物的容器、包装、工具、设备应当安全、无害，保持清洁，防止食品污染。

（7）直接入口的食物应当有小包装，或者使用无毒、清洁的包装材料。

（8）农产品加工人员应当经常保持个人卫生，生产、销售食品时必须将手洗净，必须穿戴清洁的工作衣、帽，销售直接入口食品时必须使用售货工具。

（9）食品生产用水必须符合我国规定的国家城乡生活卫生标准，保障食品的安全和卫生。

（10）农产品采后处理使用的化学物品包括洗涤剂、消毒剂、杀虫剂和润滑剂等，应是相关部门许可使用的产品，不允许使用国家明确禁用的采后化学品。化学品要严格按照产品说明书使用，做到正确标记、安全储存。

（图：李冠羽）

第三篇

餐饮业

059

如何解决食用农产品
催熟剂的危害？

什么是食用农产品催熟剂？

食用农产品催熟剂是指应用在食用农产品上调节作物生长规律的物质。目前用于食用农产品的催熟剂主要是人工合成的。按照其对作物的不同影响，可分为生长促进剂（如吲哚乙酸、增产灵）、生长延缓剂（如矮壮素）、生长抑制剂（MH、整形剂）、乙烯释放剂、脱叶剂。生产者可以根据不同的食用农产品的特性、不同催熟剂的作用以及不同的市场需求，应用合适的催熟剂以达到保鲜、调节农作物上市时间的目的。

催熟剂在食用农产品中的应用及对人体健康的影响

（一）催熟剂在食用农产品中的应用

目前，食用农产品生产者应用最多的催熟剂为乙烯利。乙烯利学名α-氯乙基膦酸，是人工合成的乙烯类激素，商品名称为 2-氯乙基磷酸。乙烯利在农作物上的应用比较广泛，作用繁多。乙烯利可以作为雄性不育剂使雄蕊退化而雌蕊正常，以此控制作物花蕊的雌雄比例。乙烯利还可作为生长调节剂调节作物的生长规律。其可作用于植物的叶片、果实，达到催熟的效果，如香蕉、西瓜和番茄等。其次，乙烯利还可使茶树落花，可作为除草剂使用。

除乙烯利外，人们较为熟知的食用农产品催熟剂有西瓜增红剂、甜蜜素等。一些植物还有专门的催熟剂。

（二）食用农产品催熟剂对人体健康的影响

常言道，"病从口入，祸从口出"，除催熟剂在农业生产、储存及销售中的作用外，人们最为关注它对人的身体健康的影响，尤其是食用农产品。目前，关于食用农产品催熟剂对人体健康的影响存在争议。许多人认为食用农产品催熟剂对人的身体安全具有较大影响，会危及人的健康，如致癌。但也有部分人认为食用农产品催熟剂并不会对人体健康造成太大影响，不必太过惊慌。

在一般情况下，食用农产品催熟剂不会影响人体健康。因为催熟剂都是需要经过安全性评价的，国家对生长调节剂的使用量和时间都有严格标准。但若超量、超标使用，则可能对人体健康造成危险。但催熟剂对植物的作用也不会转移到人身，例如网络上误传的催熟剂会"催熟"孩子。

如何解决食用农产品催熟剂对人体健康的威胁？

随着科技的发展及市场的多样化程度加深，食用农产品催熟剂的应用越来越广泛，催熟剂的种类也越来越多。与此同时，人们对食品安全也愈加重视。解决食用农产品催熟剂对人体健康的威胁也越来越迫切。具体来说，解决食用农产品催熟剂的安全隐患主要有以下几个步骤：

（一）正确使用

错误使用催熟剂是造成该种隐患的最主要原因。生产者在使用催熟剂时应当严格遵守国家对生长调节剂的使用标准，在正确的时间，使用正确的种类，以正确用量施用于农作物。

（二）展开培训

目前，大部分农民都在使用植物生长调节剂，但由于存在知识盲区等原因，他们并不了解如何正确使用催熟剂，盲目认为催熟剂多多益善，造成催熟剂的滥用。中央及当地政府的相关单位可以联合有关专家为农民开设相关课程。同时，也可以组织专家调研，了解具体情况，制定科学的解决方案。

（三）严格监管

市场监督管理部门应当对市场上的食用农产品进行严格的监管，保证质量。同时，对农业生产进行监管，从源头上解决问题。

（四）科学挑选

面对市场上各种各样的果蔬，人们在挑选时可以运用一些科学的小技巧，如不购买反季节果蔬，不购买过于膨大的果蔬等。

（图：李冠羽）

如何安全使用防腐剂？

什么是农产品中的防腐剂？

农产品中添加的防腐剂是指防止农产品腐烂变质的化学合成物或者天

然物质。果蔬在采摘后，保鲜过程中会受到多种有害腐败菌侵染，要延长果蔬的采摘后贮藏期和货架期，离不开防腐剂的帮助。常见的防腐剂种类如下：（1）防护性杀菌剂主要有施保克、山梨酸及其盐类、邻苯酚、邻苯酚钠、氯硝胺、克菌丹、抑菌灵、复方百菌清等。防护性杀菌剂可以防止病原微生物侵入，对果蔬表面的微生物起到杀菌作用，可做洗果剂。（2）苯并咪唑及其衍生物主要是苯来特、噻苯唑、托布津、甲基托布津、多菌灵、特克多（噻苯咪唑）等，它们是高效且广谱的内吸性杀菌剂，可抑制青霉菌丝的生长和孢子的生成。农户们想要高效储存果蔬等农产品，就应先掌握防腐剂的基础知识，有针对性地选择药剂。

现在农产品中防腐剂添加的安全问题有哪些？

当前农产品中防腐剂添加的安全问题主要有三类。其一，使用未经批准的防腐剂一直是一个长期存在的安全问题。农户们应知晓防腐剂这类添加剂的应用必须先经由农业农村部等相关部门审批，通过后才能合法使用。然而目前市场上一直流通着不合规的农产品防腐剂，如脱氧保鲜剂等，农户们若想避开这些禁用的防腐剂，可以多多关注农产品新闻，及时掌握农产品安全的最新信息。其二，超范围使用防腐剂也是一个值得注意的问题。虽然国家早已立法明确规定了各类防腐剂的使用范围和使用方法，但农产品贮运环节中依然存在超范围使用防腐剂的情况，例如超范围使用柠檬酸及其盐类来维持新鲜莲藕的色泽。其三，超限量使用防腐剂的问题时有发生。部分农户为了掩盖产品缺陷或过度美化产品而超量使用防腐剂，例如超限量使用焦亚硫酸钠维持竹笋色泽。农户们想要尽最大可能保存农产品的心愿可以理解，但也应该遵守相关法律法规，守住道德底线。

如何安全使用防腐剂？

农产品防腐剂的使用注意事项如下：

（一）正确选用防腐剂

不同的防腐剂理化特性不一样，故而每种防腐剂往往只对一类或某几类微生物有抑制作用。面对不同的农产品，农户们应选择不同的防腐剂以达到最好的防腐效果。例如，农户们会在苹果表面涂上一层蜡来维持苹果的新鲜程度。

（二）注意防腐剂的有效 pH 范围

值得注意的是，苯甲酸及其盐类，山梨酸及其盐类均属于酸性防腐剂。农户们在使用防腐剂的时候，应当注意防腐剂的有效 pH 范围，这是因为食品的 pH 值对酸性防腐剂的防腐效果有很大的影响，pH 值越低防腐效果越好。

（三）注意防腐剂的溶解与分散

防腐剂如果无法在农产品中均匀扩散，则无法达到较好的防腐效果，所以防腐剂需要充分溶解分散在农产品中。农户们在溶解的时候需要注意，有些农产品不能接触酒精，不能用乙醇作为它的防腐剂；有些农产品不能接触酸类物质，不能使用酸类防腐剂。

（四）防腐剂并用

各种防腐剂都有各自的作用范围，在某些情况下两种以上的防腐剂并用，往往具有协同作用，比单独使用更为有效。农户们可以在这方面多多注意，争取取得更好的防腐效果。

（五）减少农产品的染菌

防腐剂一般杀菌作用较小，只有抑菌的作用。如果农产品带菌过多，添加防腐剂是无法起到实质性作用的。农户们应当多加注意，以防防腐剂的无效添加。另外，防腐剂的添加有一个重要原则，即添加时农产品必须是新鲜的，只有在新鲜状态下添加防腐剂才能达到抑菌保鲜的效果。

（图：董天意）

061

食品中添加明矾有哪些危害？

明矾是什么？

（一）明矾的性质

明矾的化学名称是十二水硫酸铝钾，化学式为 $KAl(SO_4)_2 \cdot 12H_2O$，其是从明矾矿石中煅烧萃取而成，是一种无色的立方晶体，但生活中常见的明矾是白色的粉末。明矾可溶于水，但不溶于酒精。

（二）生活中明矾的作用

1. 医学作用

明矾具有抗菌作用，可以抑制一些细菌的繁殖，所以医学上将明矾制成

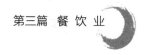

抗菌药物。除此之外，明矾还可以用来治疗出汗、溃疡等疾病。

2. 净水作用

明矾在溶于水之后会释放铝离子，铝离子水解生成的氢氧化铝胶体能够吸附水中悬浮的杂质，使悬浮的杂质沉淀下来，从而起到净化水质的作用。

3. 灭火作用

明矾是泡沫灭火器的内在成分之一，因为它能产生大量的泡沫，同时通过反应快速产生大量的二氧化碳气体，以此达到灭火的目的。

4. 膨化作用

明矾也曾经被用作食品中的膨化剂，利用明矾与碳酸盐发生化学反应产生的气体来使面点快速膨大，这样炸出来的油条或者其他膨化食品就会又大又脆。

明矾有什么危害？

在医学上使用明矾，通常是将其作为外用药或者少量短期的内服药，这是因为长期摄入含有铝离子的食品或者药品对人体伤害很大，会导致骨质疏松、贫血，甚至影响神经细胞的活动。摄入过量铝离子尤其会对儿童的身体发育以及智力发育造成严重影响。而明矾中含有大量的铝离子，所以长期食用掺入明矾的食物会导致儿童发育不良、智力低下，对成年人和老年人则有可能引起脑萎缩、老年痴呆症等疾病。

因为这些危害，国家卫生健康委员会从 2009 年便开始禁止在粉条生产中使用明矾，并在 2014 年进一步规定了在馒头、发糕等非油炸类的面制品中禁止使用明矾作为食品添加剂，油条等油炸类的面制品也严格规定了铝残留量标准。

即使有国家标准明令禁止使用明矾，但还是有一些不法商家为了追求

利益而铤而走险，在生产的油条等食品中加入明矾导致铝残留量严重超标。执法人员检查发现并抓获不法商家的案件时有发生。

怎样避免明矾的危害？

既然明矾有这么严重的危害，那么如何避免明矾的危害就极其重要。

在生活中碰到较多的违规添加明矾的食品是油条。因为油条必须添加膨松剂才能在油炸之后看起来又大又脆，但无铝的较安全的膨松剂价格比明矾贵很多，所以有些不法商家就会用明矾来代替无铝膨松剂来节省成本、提高利润。

以油条为例，违规添加了明矾的油条主要有以下两个方面的异常：

（一）膨胀度

违规添加了过量明矾的油条，膨胀程度会比普通的油条大很多，而且膨胀程度会大小不均，内部气孔也会变得非常不均匀和不致密。所以，违规添加了过量明矾的油条会涨得很大并且膨胀程度不一样，表面布满大大小小的鼓包，长得扭曲怪异。掰开之后，会看见内部有非常大的气孔而不是网状结构的孔洞。

（二）颜色

添加了过量明矾的油条会比普通的油条更白一些，普通的油条是黄色和深黄色的，而添加了过量明矾的油条是发白的。

综上所述，如果发现油条发白，而且表面满是鼓包，形状扭曲，掰开之后气孔巨大、不规则，那很有可能该油条添加了过量的明矾。对于这种油条一定要小心谨慎，避免食用，有条件的话可以将油条送至食品安全执法部门进行检测。

（图：董天意）

062

苹果打蜡对身体会造成什么伤害？

苹果上的蜡是什么？

（一）天然果蜡

天然果蜡是苹果表面本身带有的一种脂类成分，是在苹果表面生成的植物保护层，可以有效地防止外界微生物、农药等入侵果肉，起到保护作用。

（二）食用蜡

一些进口苹果表面通常有人工加上去的食用蜡，这种"人工果蜡"其实是一种壳聚糖物质，多从螃蟹、贝壳等甲壳类动物中提取而来，其作用主要用来保鲜，防止苹果在长途运输、长时间储存中腐烂变质，本身对身

体并无害处。

（三）工业蜡

一些不法商贩在苹果表面涂抹工业蜡，其中含有汞、铅等有毒物质，将给人体带来危害。

蜡对人体的危害大吗？

如若是天然产生的果蜡，那不会对身体造成任何影响，无须注意，放心大胆地吃。假设是食用蜡，其主要成分是碳水化合物、脂、有机酸等，可以给食物上光、保鲜。食用蜡进入人体内，碳水化合物、脂类、有机酸都可以被人体消化吸收。如果不大量食用，不会对身体造成太大伤害，倘若大量食用，则会影响人体物质代谢，使肾和肝的负担过大，最终造成肾和肝脏方面的疾病。食用蜡服用后还能润滑肠道，阻止水分吸收，医学上多用于治疗便秘，一般人大量食用后会腹泻。该蜡还会妨碍维生素 A、维生素 D 和钙的吸收，引起维生素缺乏症，甚至导致心肌变性，老年人服用后易出现骨质疏松性骨折等疾病。

然而，在生活中，有些不法商贩为了节约成本，往往在苹果表层涂上工业蜡。工业蜡，顾名思义，是工业加工产物，成分通常比较复杂，大多数含有重金属和化工原料，如若经常食用，会影响人的记忆力和免疫功能，还可能出现贫血等症状。此外，其对人体呼吸道易造成不良影响，降低人体的免疫功能，使人容易患上呼吸道疾病，如咽喉炎、气管炎、肺炎等，工业蜡可谓是健康的一大"杀手"。

如何预防蜡对身体造成伤害？

首先就是要鉴别苹果上的蜡是上述三种蜡中的哪一种蜡。一般来说，涂抹食用蜡的水果，其果皮表面的膜会相对薄、相对亮。工业蜡涂抹，涂层偏厚。另外，工业蜡是有颜色的，用纸巾使劲擦，纸巾会被染色。如果发现这类颜色特别鲜艳、仅仅用手擦就会掉色的水果，最好不要购买，并向国家有关部门举报，防止更多无辜的消费者被坑害。

当你没有把握鉴别出蜡的种类时，你就得在洗涤水果的环节下功夫了，可以先打一盆温水然后加入些许食盐，用手反复搓洗，洗得足够干净后，用清水再清洗几遍。

如果你吃苹果不喜欢吃皮，那就完全没有健康方面的顾虑了。由于各种蜡，不管是工业蜡还是食用蜡，它都是涂在果皮表面的，并不会渗透太多进果肉里。所以，吃水果削皮也是防止蜡对身体造成不良影响的好方法。

在日常生活中，我们在超市或者水果店里挑选水果时，不应该倾向于挑选那些颜色鲜艳、成色好的水果。这些水果之所以能这么好看，往往喷涂了足够的蜡，其含量可能人体无法承受。挑选时也可以摸一摸，如若摸起来特别黏稠，这也说明表皮加了非常多的蜡，碰到这种水果，肯定是不能购买的。

（图：董天意）

063

如何预防工业柠檬酸的危害？

柠檬酸是什么？

柠檬酸是一种广泛存在于植物中的有机酸，可从柠檬中提取，或由糖发酵制得。根据质量规格方面的不同要求，国家标准将其划分为工业级柠檬酸和食品级柠檬酸。其中，食品级柠檬酸的国家标准规定，铅每公斤不得超过0.5毫克；而工业级柠檬酸的国家标准规定，铅每公斤不得超过5毫克。

柠檬酸有什么作用？

（一）用于化工和纺织业

柠檬酸可用于制备化工试剂。柠檬酸在化学工业方面可用作成分分析试剂、色谱分析试剂及生化试剂；在纺织业方面可用作络合剂，可以迅速沉淀金属离子，改善洗涤产品的性能。

（二）用于食品工业

柠檬酸可用作食品添加剂。柠檬酸有温和清爽的酸味，可作为调味剂，普遍用于各种饮料、糖果、点心、饼干等食品的制造。同时也可用作食用油的抗氧化剂。

（三）用于环保工业

柠檬酸可用作脱硫吸收剂。柠檬酸 - 柠檬酸钠缓冲溶液具有蒸气压低、无毒、化学性质稳定、对二氧化硫吸收率高等特点，可用于烟气脱硫，是极具开发价值的脱硫吸收剂。

（四）用于饲料工业

柠檬酸可用作饲料添加剂，如在仔猪饲料中添加柠檬酸，可以提早断奶，提高饲料利用率5%～10%；在生长育肥猪日粮中添加1%～2%柠檬酸，可以提高蛋白质的消化率，降低背脂的厚度，改善肉质。

（五）用于化妆品工业

柠檬酸可用于制造化妆品。柠檬酸属于果酸的一种，具有加快角质更新，促进皮肤中黑色素剥落、毛孔收缩、黑头溶解的作用，常用于美白用品、抗衰老化妆品等。

（六）用于医药工业

柠檬酸可用于制造体外抗凝药。柠檬酸根离子与钙离子能形成一种难以解离的可溶性络合物，降低血液中钙离子浓度，阻止血液凝固。在输血或化验室血样抗凝时，可用柠檬酸制造体外抗凝药。

柠檬酸的食用

（一）食用柠檬酸的益处

柠檬酸是人体内糖类、蛋白质、脂肪代谢过程中的重要化合物，能有效促进营养吸收。因此，食用适量柠檬酸对我们的身体健康有好处。

（二）食用柠檬酸的注意事项

1. 工业柠檬酸不能食用

相较于食品级柠檬酸，工业柠檬酸中含有大量的重金属等有害物质，一旦食用会严重损害身体健康。

2. 过量柠檬酸不能食用

食品级柠檬酸虽然对人体无直接危害，但会促进体内钙的排泄和沉积。如长期食用含柠檬酸的食品，有可能患上低钙血症，甚至会增加患十二指肠癌的概率。因此，食用柠檬酸应适时适量。

如何预防误食工业柠檬酸？

（一）从食品生产加工环节进行预防

企业应自觉承担食品安全生产的责任，严格把关食品生产中的每个环节，从食品的选材、加工到后续的包装、储存，任何能混入工业柠檬酸的途径都要阻断。

（二）从食品销售流通环节进行预防

政府部门应加强对食品销售流通环节的监管，无论是食品上市前的质量合格抽检，还是食品流通过程中的关检，都必须严格把控。切实做到进入市场的含柠檬酸食品都是安全的，发现含工业柠檬酸的食品立即拦截并处理销毁。

（三）从食品端上餐桌环节进行预防

百姓应增强食品安全意识，在日常做饭时，注意先用小苏打兑水浸泡瓜果蔬菜，然后再用清水冲洗干净，最大限度地去除可能存在的工业柠檬酸。

（图：董天意）

064

如何预防黄曲霉素带来的危害？

什么是黄曲霉素？

黄曲霉素是黄曲霉和寄生曲霉等某些菌株产生的双呋喃环类毒素。黄曲霉素的衍生物大约有 20 多种，分别命名为 B1、B2、G1、G2、M1、M2、P1、Q1、毒醇等。在这些衍生物中 B1 的毒性是最大的，并且其致癌性也最强。黄曲霉素及其产生菌在自然界中分布十分广泛，有些真菌可以产生多种类型的黄曲霉素，但也存在不产生任何黄曲霉素的黄曲霉菌。黄曲霉素主要污染粮油及其制品还有各类植物性和动物性食品。动物吃下被黄曲霉素污染的食物后，在其肝、肾、肌肉、血液中均可检测出微量的黄曲霉毒素。产生毒素的黄曲霉菌在水分含量高的禾谷类作物及其加工副产品中进行寄生繁殖并产生黄曲霉素，误食这些食品会导致人体中毒。

黄曲霉素的危害有哪些？

（一）慢性中毒

持续少量地摄入黄曲霉素会导致慢性中毒，其主要表现为肝脏的慢性损伤，例如肝硬化、肝实质细胞变性等。还会出现生长发育迟缓、体重减轻、不孕不育等一系列的症状。

（二）急性中毒

当摄入过量黄曲霉素，则会导致人体发生急性中毒反应，主要会引起肝脏的变化，导致胆管增生、急性肝炎、肝细胞脂肪变性和出血性坏死等。同时人体的脾脏和胰腺也会出现轻度病变，严重时会直接导致死亡。

（三）致癌

黄曲霉素是目前已知的致癌性最强的物质之一。1毫克黄曲霉素就能致癌，黄曲霉素容易诱发肝癌、胃癌、肾癌、直肠癌、乳腺癌、卵巢癌等多个器官或部位的癌症。

（四）影响农业和畜牧业

谷物、豆类以及粮油种子都十分容易被黄曲霉素污染，并且污染后的农产品无法食用，对农民造成了直接的经济损失；动物在食用被黄曲霉素污染的食物后，会中毒、患病乃至死亡，对牧民造成的损失也是无法估量的。

如何预防黄曲霉素带来的危害？

黄曲霉素是一种高致癌物，毒性远超砷化物，但只要做好充分的预防措施，便可避免其带来的危害。

（一）日常生活中的预防措施

（1）保存粮油食品要尽最大可能做到低温、通风、干燥，并且储存的时间要尽量缩短，能在短时间内食用完毕最好。花生最好带壳储存，如果要存放很长时间的话，要做到经常晾晒。尽可能少用塑料袋直接盛装食品，有条件的话可以不用囤积食品，注意食品的保质期，防止食品霉变。

（2）避免厨房竹木制餐具的霉变，尤其是竹木制菜板、筷子、筷笼、饭勺等厨房餐具。竹木制餐具一定要清洗干净然后存放在干燥的环境中，因为竹木制餐具上残留的食物残渣很容易滋生黄曲霉菌。如果有条件的话餐具尽量都换成金属制品。

（3）避免吃发霉的食物或使用发霉的原材料制作的制品。对于发霉的食物，最安全的做法还是坚决扔掉，因为在粮食发生肉眼可见的霉变之前，其中的黄曲霉素可能已经达到不安全含量。

（4）多食用新鲜的蔬果，尤其是富含叶绿素的蔬菜。因为研究发现叶绿素可以分解破坏黄曲霉素的结构。

（5）购买正规大品牌的花生油，花生油十分容易发生霉变，产生黄曲霉素，所以我们尽量选择大厂生产的花生油。另外尽量购买包装的粮食，尤其是大米、面粉。

（二）农牧业中的预防措施

（1）粮食作物进行晾晒后再进行存仓，并且要保证储存环境干燥。

（2）牲畜的食物要保证新鲜，饲料要存放在适宜的地方，确保存放环境干燥并且避免阳光直射。

（图：董天意）

065

如何认识激素的利与弊?

什么是激素?

激素分为动物激素和植物激素。植物激素是植物自身体内产生的对植物生长发育和代谢有显著调控作用的物质。动物激素是指在高等动物和人体内由身体的分泌细胞和内分泌腺产生的调节和传递信息的化学物质。植物激素与动物激素是完全不同的两类物质。它们都是生物体内的活性物质,都需要通过激素与靶细胞结合才能引起细胞生理学响应,但是植物体内只存在植物激素作用的靶细胞,而动物体内只存在动物激素作用的靶细胞。植物激素应用面广泛,主要目的是提高生产效率和植物的存活率。动物激素通常用于促进动物生长发育、增加体重和肥育以及用于动物的同期发情等。

激素在应用中有哪些利弊?

激素在农产品的生产中最普遍的应用就是提高产量,这是激素在农产品生产上的最主要优点。

但是它同样有很多弊端。对于家畜养殖的农户,很多情况下,农户不会去考虑动物是否会出现应激反应而盲目地对动物使用激素,这就可能会导致动物出现生产性能降低、免疫力低下、繁殖力下降、畜产品品质降低等一系列问题。在使用激素过后,一些动物对某些传染病和寄生虫病易感性增加,降低了预防接种的效果,甚至造成传染病和流行病的流行。同时，又因为对肉用品种追求快速生长和高瘦肉率，畜禽肌肉生长过快超过了生命支持力，导致肌肉处于局部微损伤状态，从而致使肉品质下降，甚至出现生理异常肉——白肌肉（pse 肉）和黑干肉（dfd 肉）。植物性激素与动物激素在性质、结构、功能、作用机理等方面是完全不同的两类物质，植物上不可能使用动物激素，动物激素对植物生长发育也不起作用。但是不正确地使用植物激素同样会对农产品和土地环境造成巨大的危害。

如何看待激素的利与弊？

现如今，越来越多的人认识到了激素的滥用给人类和环境产生的危害。但在各种农产品的生产过程中激素的使用并不是很合理，所以帮助农户认识到激素的利弊，以及帮助他们在生产中合理正确地使用激素是当务之急。

（一）农产品和动物使用激素的好处

植物激素是对植物的生长发育具有抑制和刺激等作用或调节植物抗逆境的一类化学物质，具有膨大、催熟功能、促进生根发芽、调整花期、抑制生长、矮化植株等作用。在农业生产中，植物内源激素不足时，需要使用植物生长调节剂，以达到提高产量、改善品质或延长供应期、节约劳动力的目的。动物激素的利用较为广泛。比如利用昆虫的性外激素作为性引诱剂，干扰异性昆虫交尾，降低虫害的程度；对牛、马、猪等动物的生殖腺进行摘除，可使动物性情变得温顺，且体质增强，育肥快、肉质和产量得到提高。

（二）农产品和动物使用激素的弊端

就动物激素而言，如在饲料中添加了某些激素以后，饲料可在动物体内富集，人吃了这样高激素含量的肉食品，对身体的生长和发育会产生不良影响。激素的使用也可能破坏生态环境。对于植物激素而言，前期见效非常明显，但是在中后期作物容易早衰，并且很容易出现严重的激素中毒，引起药害；部分激素使用后容易形成畸形果、空洞果、裂果，果肉发

舌尖上的安全

软不甜，易坏不耐储藏。

（三）帮助和引导农户正确使用激素

（1）帮助农户掌握正确的使用浓度、使用方法、使用部位。

（2）使用前教会农户如何试验并确定作物最适合的使用浓度。

（3）提醒农户注意使用时的气候条件。

（4）为农户提供禁用激素药物清单，指导他们动物激素的正确使用用量。

（5）在各地创建一个指导农户使用的机构，对农户定期开展教学活动，并且不定时地观察监督农户对激素的使用。

（图：马晓旭）

066

如何正确使用动植物生长类激素？

什么是动植物生长类激素？

动植物生长类激素虽然都是生长类激素，但它们的本质是截然不同的。动物生长类激素的主要成分是多肽类物质，而植物生长类激素的本质是有机酸。农户在畜牧业中使用的促进动物生长发育、增重长肉类的激素都可以归为动物生长类激素。动物生长类激素有很多种，但现在主要用的是一种含氮类化合物。农户在种植业中使用的促进作物生长发育、促进作物成熟的激素为植物生长类激素。植物生长类激素包括赤霉素、生长激素、乙烯、脱落酸、细胞分裂类激素等。从广义上看，能对动物或植物的生长发育与成熟周期起促进作用的物质都应算作动物或植物的生长类激素。

为什么要使用动植物生长类激素？

中国对食物的需求很大。作为一个人口大国，仅仅以一个人一天所需要的最低能量为标准，要让 14 亿人同时满足也需要非常多的食物。显然，当今社会以 14 亿多人的最低标准去生产粮食是不够的，想要满足全部人口"吃得好"的愿望就需要增大食物尤其是肉类食物的产量。而增加产量的最简单、最快速的方法就是对农作物和牲畜使用生长类激素，缩短其生长周期，在同一段时间内增加食物的产量。

中国陆地面积大，但适合农产品种植与养殖的土地少。中国陆地面积有 960 万平方公里，但耕地却只有 143 万平方公里，仅仅是世界耕地面积的 7%，而中国的人口却占世界人口的 20%，故用如此少的耕地去养活如此多的人口可以说是几乎不可能完成的。但实际情况就是如此，中国因为耕地少而想要养活如此多的人口就只能去想办法提高农产品的产量。提高农产品的产量无非就两种情况：第一种情况是在单位面积单位时间内提高农产品的收获次数，即缩短农产品的种植与养殖周期；第二种情况是在单位时间内提高单位面积上农产品的产量，即改良农产品种类，选用高产品种。两种情况相比，前者显然耗时短，简单易行，收获大。而实现第一种情况的最简单可行的方法就是使用动植物的生长类激素。

如何正确使用动植物生长类激素？

因为动植物的生长类激素种类过多，故以主要的动植物生长类激素的科学使用为例，并简要说明过度使用动植物生长类激素的危害。

1. 动物生长类激素的使用

动物生长激素不像植物生长激素那样繁多，故大多数生长激素都有着相同的标准。

（1）处于幼年期。

猪牛羊等大中型牲畜一般是在其生长阶段使用 200~400 克。而鸡鸭鹅等小型禽类一般在其生长阶段使用 150~200 克。

（2）增重与产奶期。

产奶期提高母畜泌乳量一般为 300~400 克。用于改善体型与提高瘦肉率阶段一般用 800~1000 克。

2. 植物生长类激素的使用

（1）乙烯利。

乙烯利会释放出一种促进果实成熟的气体，故在果实成熟期在植物周围按使用说明书喷洒乙烯利 1~2 次。

（2）赤霉素与细胞分裂素。

赤霉素可促进种子的萌发与发育，细胞分裂素可加快细胞的分裂速度。故两者经常一起使用，在种植前用赤霉素与细胞分裂素的稀溶液浸泡种子 3~5 小时可促进种子萌发，提高种子萌发率。

3. 过度使用动植物生长类激素的危害

过度使用生长类激素轻则植物生长缓慢、植株矮小，使动物厌食且瘦弱。重则危害人体健康，使动物与植物死亡。

（图：马晓旭）

067

如何正确使用抗生素？

什么是抗生素残留？

抗生素是我们治疗许多动物疾病的一剂良药，但再好的药物，应用的剂量与给药次数也要适当，疗程要足够。用量过小或者使用药物治疗的时间过短不仅会影响药物的治疗效果，还容易导致细菌产生抗药性，使得后续用药更加麻烦；而用量过大或者治疗过程过久不但导致药物浪费而且还会引起动物的不良反应。抗生素残留就是指各种药物进入动物体内后所产生的一些对身体有害的物质。不仅因为药物本身存在副作用，而且伴随着细菌种群的增多，将增加更多可能潜在的健康问题。

抗生素残留存在哪些危害？

随着我国经济的快速发展，抗生素的使用越来越普遍，抗生素的滥用，使得各种病菌对它的抵抗性不断增加，我们人类食用含抗生素残留的动物性食品后，人体内细菌的抗药性也同样会增加，这会对人类产生极大的危害。例如，某些原本很容易治愈的疾病将不再那么容易治疗，人们的疾病治疗时间变长而且会使用更多的药物；另外，当食品中残留的抗生素（链霉素）进入人体后严重的可能损害我们的肾功能及听力（听觉神经受损）。此外，当我们长期摄入抗生素（这里是指氨基糖苷类抗生素）残留严重超标的动物性食品后，将直接损害我们的大脑，具体来说可能会出现头晕、头痛、耳鸣、耳聋、恶心、呕吐等症状。

据世界卫生组织发布的调查报告称，多重耐药性细菌的不断出现是对全球健康水平的最大威胁之一。目前每年全球约 70 万人死于耐药菌感染，大部分在发展中国家。最近的估计数字表明，到 2050 年，这个数字可能会上升到 1000 万人，多于目前癌症死亡人数。

如何正确使用抗生素？

抗生素的出现曾是人类的一大壮举，但多年来的研究表明，抗生素其实是一把双刃剑，用得合理，它是健康卫士，反之则会成为健康杀手。它既挽救了无数人的性命，也对保障食品安全起到了重大作用，而且创造了极大的经济效益，但由于一些人缺乏相关知识并受利益驱动，滥用抗生素，造成对人体和环境的严重危害。针对抗生素残留引发的问题，我们对如何正确使用抗生素提出以下应对方案：

（1）在正规的地方购买合法合格的兽药。购买正规知名企业的兽药，避免买到假冒伪劣产品。

（2）在用药前，要知晓以下事项：

第一，严格掌握适应状。弄清楚致病原理，有条件时做药敏反应，这样既可以对症下药，又可以节约成本。

第二，注意用量与疗程。一般开始时用药量较大，后续减少剂量，相关问题可咨询相关人士。

第三，不滥用抗生素。不长期使用一种抗生素，可以将有效的抗生素交替使用。

第四，避免发生免疫反应。在进行各种预防菌苗接种前后数天内，不宜使用抗生素，具体情况最好询问专业人士。

第五，防止产生配伍禁忌。抗生素之间以及抗生素与其他药物联合使用时，有时会产生配伍禁忌，引起不良反应，可在购买时询问专业人士或查询资料进行确认。

（3）正确使用兽药。各养殖户必须严格按照适应症、用法与用量、休药期、免疫规程等兽药安全使用规定使用兽药。购买时应咨询相关人士。

（4）建立用药记录。各养殖户要根据国家标准按规定建立真实完整的动物用药记录。

（5）用药后注意观察记录。使用完抗生素后，最好将其后续情况及时记录下来，为以后检验效果提供对照和改良用药手段时参考。

（图：马晓旭）

068

如何预防油脂氧化？

什么是抗氧化剂？

抗氧化剂是阻止氧气对食物造成不良影响的物质，是一类能帮助捕获并中和自由基，从而祛除自由基对人体损害的物质，主要是指能防止或延缓食品氧化，提高食品的稳定性和延长储存期的食品添加剂。按作用机制可将其分为：（1）自由基清除剂；（2）单线态淬灭剂；（3）抗氧化剂增效剂；（4）脂氧合酶抑制剂；（5）还原剂；（6）金属螯合剂。

氧化的危害有哪些？

抗氧化剂在食品中的功能是要防止腐败、毒性物质的产生，营养成分的流失与外表色泽的改变，以及防止由动物脂肪、蔬菜植物等油脂氧化产生的化合物。油脂氧化是其主要表现之一，油脂氧化又称氧化酸败，氧化酸败使食品的质量大为下降，食用严重氧化酸败的油脂对人体消化系统、肝脏、肾脏、心脏等会造成损害，导致呕吐、腹泻等，严重者甚至会诱发肿瘤、致癌或死亡。

如何预防油脂氧化？

要避免油脂被氧化，必须从清除参与反应的氧或清除引发氧化反应的自由基着手。现代工业生产上常采用的方法有三步：一是采用吸氧剂清除与油脂接触的氧；二是在油贮罐内充氮气，将油与氧隔开；三是在油脂中添加自由基吸收剂（抗氧化剂），阻止氧化反应的发生。具体方法如下：

（一）吸氧剂保护

吸氧剂加入到密闭的食品包装物或食品中，能与残留在包装中的氧气或溶解在食品中的氧反应，使食品或油脂处于与氧隔离状态，从而达到保护食品和油脂不被氧化的目的。常用的吸氧剂有两类：一类是不能直接添加到食品或油脂中（不能作为食品添加剂使用）的吸氧剂，如活性铁粉等，通常做成小包放置在密闭的食品包装中，但在成品小包装食用油中使用有困难，食用油脂不能直接与非食品添加剂接触，因此，此类吸氧剂对成品食用油保鲜没有意义。另一类是可作为食品添加剂直接添加到油脂和食品中的吸氧剂，如 L - 抗坏血酸、抗坏血酸棕榈酸酯等，它们都能有效清除密封容器中少量残余氧及溶解在油脂中的氧，从而起到对油脂的保护作用。存在的问题是当小包装食用油被开封后，瓶中油脂直接与空气接触，油中吸氧剂很快被消耗完，对油脂的保护作用自然丧失，此时的油脂还是会被氧化，导致食用不安全。

（二）氮气保护

氮气是一种惰性气体，它不会与油脂发生化学反应，对人体也没有任何危害。利用高纯氮气将油脂与空气分开，就能有效地避免油脂被氧化。因此充氮保鲜已广泛应用在原料油脂和成品油脂的储存以及油脂精炼过程中，具有成本低、效果好、安全性高的特点。但使用在小包装食用油中却存在一些问题：在小包装食用油的容器中充入氮气，可有效延长油脂的货架期。然而，当消费者将油瓶开封后，瓶内氮气被空气替换，也就失去了对油脂的保护作用。如不尽快食用完，油脂会因氧化而变质，消费者也有可能因误食而导致对身体健康的伤害。所以，在小包装食用油的保鲜中仅采用充氮保鲜是不够的。

（三）抗氧化剂保护

油脂的氧化历程是自由基连锁反应，如在油脂中添加能清除自由基的吸收剂（抗氧化剂），用以清除痕量的自由基，打断链反应的进行，从而只需微量就可达到既防止氧化，又保护油脂的目的。

（图：马晓旭）

069

如何对待食品中的人工色素？

人工色素是什么？

人工色素其实在我们的生活中随处可见，我们平常喝的碳酸饮料、果汁饮料、配制酒、甜点上的彩色装饰、糖果、腌菜、冰激凌、果冻、奶油、速溶咖啡等各类食品的着色都是因为添加了人工色素。它主要是为了促进人们的食欲，同时让食品看起来更好看从而提高食品的商品价值而为食品着色的一类食品添加剂。除此之外人工色素也会用于化妆品类，如口红。

那么人工色素是怎么来的呢？人工色素是用人工化学方法制得的有机色素，主要以煤焦油中分离出来的苯胺染料为原料制成。这种原料制成的人工色素摄入少量的话对人体危害不大，但如果大量摄入就会对我们的身体健康造成很大的伤害。

食品中的人工色素有什么优点，会对人体造成什么影响?

我们常用的色素除人工色素外，还有天然色素。天然色素是从动植物组织中提取或从微生物中培养出来的色素，由天然资源获得。这种色素安全、无副作用，但其缺点是着色不均匀、不稳定。天然色素绝大部分是具有生理活性的，这就导致它容易受各种因素，如温度、光照、pH值和添加剂等影响发生色泽不稳定的状况。而人工色素色泽更加鲜艳多样，也更稳定，不会像天然色素那样容易受外界因素影响而掉色、变色。

大量的报告指出，几乎所有的合成色素也就是人工色素都无法向人体提供营养物质，某些合成色素甚至会危害人体健康，导致生育力下降、畸胎等，还有些色素甚至可能在人体中转换成致癌物质。

1. 对儿童的危害

（1）导致儿童情绪、行为过激。人们会感觉现在的孩子任性、顽皮、不听管教、情绪不稳定、脾气暴躁、自制力差等，其实这些症状与过量食用那些色彩鲜艳、很受儿童喜爱的食品中的合成色素有很大关系。

（2）过量食用干扰身体正常代谢。人工色素是含有毒素的，进入人体后，肝脏发挥解毒功能来代谢这些人工色素。然而儿童的肝脏还在发育当中，功能较之成年人来说更为脆弱，过量摄入人工色素，儿童要消耗更多的解毒物质来代谢它们，从而影响正常的系统代谢，导致腹泻、腹痛、腹胀和多种过敏症，如哮喘、鼻炎、皮疹等。

（3）影响儿童智力发育。英国南安普敦大学应英国食品标准局请求，进行食用人工色素对儿童发育影响的研究，研究结果发现，包括酒石黄和落日黄在内的 7 种人工色素可能会使儿童智商下降。

2. 人工色素的致癌性

世界上曾做过多项关于人工色素的研究，结果都表明这些人工色素对人体具有危害性，也可能在人体中转化为致癌物质。此外，许多食用色素除本身含有有害物质，在其生产过程中也有可能混入砷和铅等重金属元素，这都是对人体有害的。

我们应当如何对待人工色素

国家早期就出台过食品中的人工色素相关法律法规，对其种类、用量都做出了严格的规定。如今市面上各类食品中含有的人工色素都经历了严格的把关，因此大家还是可以正常食用的。但注意不要长期过量摄入，尤其对于儿童来说更不要过量摄入，家长们要引起注意。

对于生产食品或饲料类产品的人们，也要严格遵守国家食品安全相关法律法规，除人工色素外，天然色素对于一些食品或饲料来说更加安全一些。

（图：马晓旭）

070

如何正确使用安赛蜜？

什么是安赛蜜？

安赛蜜是一种食品添加剂，是世界上第四代合成甜味剂。安赛蜜的化学名称是乙酰磺胺酸钾，也被称为 AK 糖。其外观为白色结晶性粉末，它是一种有机合成盐，口味与甘蔗相似，易溶于水，微溶于酒精。20 世纪 90 年代末，我国就对安赛蜜制定了相应的行业标准。随着安赛蜜的生产水平的不断提高，安赛蜜在食品加工上的应用范围越来越广。目前，全球已有 90 多个国家正式批准安赛蜜用于食品、饮料、化妆品、口腔卫生及药剂等领域中。我国卫生部于 1992 年 5 月正式批准安赛蜜用于食品、饮料领域，但对其含量也有严格限制，不能超标使用。

安赛蜜有什么好处？

（1）安赛蜜甜味纯正而强烈，比蔗糖更胜一筹。

（2）安赛蜜甜味高，口味与蔗糖相似，甜味却是蔗糖的 200～250 倍。

（3）安赛蜜易溶于水。20℃时安赛蜜的溶解度是 27 克，可以降低生产成本。

（4）安赛蜜在人体内不会被代谢消化，不产生热量，也不提供能量，且有无致龋齿性，是中老年人、肥胖病人和糖尿病患者理想的甜味剂。

（5）安赛蜜与其他甜味剂混合使用能产生很强的协同效应，一般情况下可使原甜度增加 30%～50%。如安赛蜜与阿斯巴甜 1：1 合用有明显

增效作用。

（6）安赛蜜具有很强的稳定性。安赛蜜的纯度在通常情况下保存 10 年都没有任何分解迹象。它在空气中不吸收水，能耐 225℃ 高温，在一定的酸度下保持稳定。在生产过程中使用安赛蜜时，安赛蜜不与食品成分或添加剂发生反应。灭菌和巴氏消毒也不会影响安赛蜜的味道。

（7）安赛蜜的生产工艺简单，价格便宜，性能优于阿斯巴甜，被认为是最有发展前景的甜味剂之一。

安全使用安赛蜜

虽然对这种甜味剂的研究表明安赛蜜有着不同于其他甜味剂的食用安全性，却仍然存在争议，即便美国食品和药物管理局已经允许了安赛蜜的普遍使用。在相关研究中，目前最受人关注的是安赛蜜可以刺激剂量依赖性大鼠胰岛素分泌，但没有观察到低血糖现象发生。由国家毒理学进行的啮齿类动物的研究表明，安赛蜜并没有使肿瘤的发病率升高。

目前看来，按照规定的标准合理使用安赛蜜不会对人体健康产生危害。具体建议如下：

（1）食品和安赛蜜生产企业都要严格遵守相关标准法规。相关食品生产企业要严格降低安赛蜜在食品中的使用量，不可超范围、超限量使用，并按照 GB7718 的规定进行规范标识。同时，安赛蜜生产企业也要严格遵守相关的规范法规，产品必须符合 GB25540 的质量规格要求。生产含安赛蜜的复配甜味剂企业也必须达到相应国家标准的要求。

（2）相关监管部门应加大对安赛蜜标准与法规的宣传力度，同时加强监管。应通过不同的途径积极推广普及安赛蜜有关科学知识，提高消费者的辨别能力。同时，加大监管力度，严厉处罚超范围、超限量使用安赛蜜的违法行为。

（3）消费者在购买食品之前，应关注食品标签，注重合理膳食。建议消费者从正规渠道购买产品，在选择食品之前，可以通过研读食品标签辨认该食品中是否添加了安赛蜜。

（4）对于嗜好甜食的消费者，尤其是糖尿病患者，建议在合理膳食、均衡营养、控制总能量摄入的基础上，可考虑使用安赛蜜替代部分糖或全部添加糖的食品。

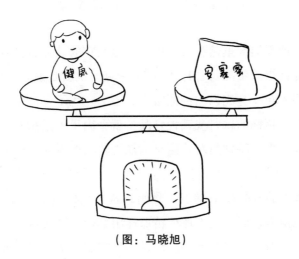

（图：马晓旭）

071

如何科学使用甜蜜素？

什么是甜蜜素？

现在经常能听见有人说什么里面加了甜蜜素，人吃了不安全。其实甜蜜素并没有我们想象的那么一无是处。甜蜜素的化学名称叫作环己基氨基磺酸钠，是由氨基磺酸与环己胺及氢氧化钠反应而成的一种物质。它的甜度是蔗糖的 30～40 倍。并且甜蜜素由于其成本低廉、经济价值高，受到

了广大食品生产加工企业的欢迎。现在甜蜜素已成为食品加工业中的重要代糖产品。

为什么要合理使用甜蜜素？

甜蜜素这种添加剂虽然有很多优点，但是它的缺点也同样明显。甜蜜素每人每天允许摄入量为每公斤体重 11 毫克，也就是说一个体重 60 公斤的人，每天摄入 660 毫克以内的甜蜜素，不会产生不良后果。但如果经常食用甜蜜素含量超标的饮料或其他食品，就会因摄入过量对人体的肝脏和神经系统造成危害，特别是对代谢排毒能力较弱的老人、孕妇、小孩危害更明显。

添加甜蜜素的食品越来越多。我们日常食用的饼干、面包及糕点中，很多都含有甜蜜素，而且它不像糖精那样用量稍多时有苦味，所以常被用于食品、糖浆、糖衣、唇膏等中。但是一旦添加过量，超标使用的话就是适得其反了。甜蜜素还易导致肥胖，像甜蜜素这样合成的化学产品，甜度是蔗糖的几十倍，只要很少的用量就能提供人们所需要的甜度。过多的甜蜜素会促使身体脂肪堆积，产生虚胖现象。所以如何合理地使用甜蜜素就显得至关重要，既能保证食物的甜度，又能保证在安全范围内使用，不至于对人体造成影响。能够合理利用甜蜜素是每个农户以及食品经营商应该了解并掌握的内容。

甜蜜素的使用须知

（一）甜蜜素的用途

甜蜜素属于非营养型合成甜味剂，其甜度为蔗糖的 30 倍，而价格却仅仅是蔗糖的 1/3，而且相比糖精有更好的品质，所以被用作国际通用食品添加剂，用于饮料、果汁、糕点等各种食品中。同时也可用于家庭调味、烹饪等。糖尿病患者和肥胖症患者也可以用它来代替糖。

（二）甜蜜素的用法

一般将甜蜜素与水以 1 : 500 的比率配合使用。也可以单独使用，单独使用时，1 克的甜度约为 50 克蔗糖的甜度，即 50 倍。它还可以与蔗糖混合使用，这种混合料的甜度可以达到蔗糖甜度的 80 倍以上。若要更高的甜度，还可以将甜蜜素与蔗糖及 0.3% 重量的有机酸（如柠檬酸）一起使用，其甜度可达蔗糖的 100 倍以上。

（三）甜蜜素的用量规定

根据我国《食品添加剂使用卫生标准》的规定，甜蜜素用于酱菜、调味酱汁、配制酒、糕点、饼干、面包、雪糕、冰淇淋、冰棍、饮料等，其最大使用量为每公斤 0.65 克；用于蜜饯时最大使用量为每公斤 1.0 克；用于陈皮、话梅、话李、杨梅干等，最大使用量可达每公斤 8.0 克。而在膨化食品和油炸小食品中则不得使用甜蜜素和糖精钠等食品添加剂。以上仅作为参考，甜蜜素在使用中应该严格按照相关规定进行配比，建议准备一台食品安全检测仪，便于快速检测甜蜜素含量，以免超标引起危害。

（图：王功尚）

072

如何正确制作使用农用酵素？

什么是酵素？

酵素是以动物、植物、菌类等为原料，添加或不添加辅料，经微生物发酵制得的含有特定生物活性成分的产品。按产品应用领域分类，包括食用酵素（如苹果酵素、糙米酵素）、环保酵素（如除臭酵素、水体净化酵素等）、日化酵素（如洁面酵素、护肤酵素）、饲用酵素（如宠物酵素、饲料酵素等）、农用酵素（如促生长酵素、驱虫酵素）、其他酵素。

农用酵素的用途和使用功效？

农用植物酵素细分为种植业用植物酵素、养殖业用植物酵素和土壤改良植物酵素。俗话说"病从口入"，农业产品作为食品源头，确保其健康安全是食品生产最基本的要求，而农用酵素在农业生产活动中的土壤改良、环境保护、食品安全等方面具有积极作用。

长期过量使用化肥、农药，会使土壤的生物多样性下降、养分失衡、结构变差、酸化、盐渍化严重，还会导致土传病害发病率大大提升。而酵素肥富含活性很强的微生物，可以改良土壤，让有机物分解成更小的分子，更容易被作物吸收，同时也让土壤变得松软、透气，促进作物根系生长。

需要注意的是，农用酵素可以当成肥料使用，但不可以完全代替肥料，因为农用酵素本质上是酶，主要的作用是催化分解土壤中植物难以利用的养分，便于作物直接吸收利用，但实际上在酵素中并不包含植物所需要的各类营养物质，所以不能完全代替肥料。如果想当成肥料使用，一般按照酵素原液：醋：原液＝1：1：500 的比例稀释，如果菜地刚刚打过农药或者施加过肥料，比例变更成 1：1：200（10 天内喷洒 3 次）。制作过程中剩下的酵素渣能够作为底肥施用。一般每亩地每次施加 50 公斤的混合液，容易生虫的蔬菜每隔 7～10 天喷洒一次，大白菜、胡萝卜、白萝卜每隔 10～15 天左右喷洒一次，一共喷洒 3 次。

如何制作使用农用酵素？

（一）制作

将红糖、水果原浆、蒸馏水按照质量比为 1：3：10 的比例进行混合，得到混合液之后把混合液倒入密闭容器中，静置 3 个月左右的时间，酵素就制作完成了。

当然，在制作酵素的过程中也可以将水果原浆替换成水果皮、蔬菜叶。先备好适量的水果皮和蔬菜叶，将他们洗净切碎之后倒入洁净的瓶子中，通常倒至瓶子体积的 1/3 处即可。然后在果皮上倒入红糖，用量大概是果皮体积高度的 1/3，再往瓶子里倒清水，添加到瓶子高度的 2/3 处为止，反复摇晃瓶子，将果皮、红糖、水均匀混合，记得拧好瓶盖，但不宜过紧，最后将其放置阴凉处，同样发酵 3 个月左右，过滤掉果皮残渣即可使用。

（二）使用

首先，将制好的酵素与红糖、清水按照 1：1：3 的比例进行混合，密封后，常温避光的条件下培养 2 天左右，得到酵素菌种，将其和麸糠按照质量比 3：7 的比例混合搅拌均匀，得到好氧发酵的固体酵素粉。其次，将酵素粉与动物粪便按照 1：1 的比例混合，得到好氧粪便菌种；将废弃物粉碎后，加入 20% 的好氧粪便菌种与其混拌均匀，堆放 60 厘米高，然后表面覆盖 8 厘米厚的秸秆落叶，遮阴通风发酵 5 天左右，混合堆就会开始产生热量，自身水分逐渐被蒸发掉，等到温度变成 55℃～65℃，含水量为 20% 时翻动，接着继续覆盖 8 厘米厚的秸秆堆肥 1 周左右，最后得到成熟的黑褐色酵素有机肥。

（图：王功尚）

073

如何正确看待食品漂白剂？

什么是食品漂白剂？

食品漂白剂是指能够破坏或者抑制食品色泽形成的关键因素，使其色素褪色或者避免食品颜色改变的一类添加剂。食品漂白剂除了可以改变食品色泽外，还具有抗氧化、抑菌防腐等多种作用，因此被广泛运用于各类食品加工中。目前，我国允许使用的两类食品漂白剂包括硫黄和亚硫酸盐类。

食品漂白剂的作用原理及用途

食品漂白剂的作用原理主要依赖于氧化还原反应，根据其作用机理，大致可分为还原型漂白剂和氧化型漂白剂两大类。氧化型漂白剂是能使着色物质氧化分解而漂白的食品添加剂。其通过本身的氧化作用破坏着色物质或发色基团，从而达到漂白的目的。氧化型漂白剂除了作为面粉处理剂的偶氮甲酰胺等少数品种外，实际应用很少。还原型漂白剂的作用机理能使着色物质还原而起漂白作用。还原型漂白剂在果蔬加工中应用较多，主要是通过其中的二氧化硫成分起到还原作用，使果蔬中的色素成分分解或褪色。其作用比较缓和，但被其漂白的色素物质一旦再被氧化，可能重新显色。

常见的食物漂白剂有二氧化硫以及它的衍生物亚硝酸盐类，如焦亚硫酸钠、焦亚硫酸钾、亚硫酸钠等。这些食品漂白剂在水果干、蜜饯凉果、干制蔬菜、腌渍蔬菜、干制食用菌和藻类、腐竹等食品的漂白中发挥着重要作用，使其看上去更加有卖相，更能符合消费者的口味选择。

如何正确看待食品漂白剂？

近年来，漂白银耳、漂白带壳花生、漂白山药片、漂白土豆、漂白面粉等食品漂白事件层出不穷，还有用硫黄熏蒸食品的报道出现，令许多消费者对食品上的漂白剂谈之色变。

食品漂白剂如果不能控制其使用量并严格控制其残留量，就会对人体造成危害，主要表现在：过量的食品漂白剂会对食管、胃等消化系统造成相当大的危害，会导致上皮细胞的撕脱、糜烂，因此会出现上消化道大出血的症状；还会导致人体中毒，引发急性肝脏和肾脏衰竭。例如一些不法商贩用工业双氧水漂白食品，让食品的卖相更好看，但会有化学成分残留，经工业双氧水浸泡过的食品，会强烈刺激人的消化道，还存在致癌、致畸形和引发基因突变的潜在危险。

其实只要正确使用食品漂白剂，是不会对人体产生危害的。在食品生产中，只要漂白方法、所用漂白剂剂量符合国家标准要求，那么食物漂白就是安全的。所以我们也不用对添加了漂白剂的食品太过恐惧，认为它们都是有毒的。适量的食品漂白剂能让食物看上去更加有卖相，也让人更加有食欲，这是一种正常的商业手段。

因此大家可以正常看待添加了漂白剂的食品，同时也要擦亮双眼，避免买到添加了过量漂白剂的食品或者使用了不符合生产规范的漂白剂的食品，为自己的健康保驾护航。食品安全与身体健康息息相关，总之我们在选购食品时，一定要注意以安全为主，不以"白""亮"为唯一标准，而是要从多方位观察，避免买到有害自身健康的食品。

（图：王功尚）

074

莲子增白剂有哪些危害？

平日里我们在超市购物时会注意到：同样是莲子，有的颜色偏黄，有的颜色却偏白，有些偏白的莲子并非机械自然磨白，而是使用了增白剂，使其变得更白，卖相更好。使用了增白剂的莲子在加工时，工人们首先会把漂白剂和莲子放在一起，当药水和莲子开始发生反应后，莲子中会有泡沫涌出来，当泡沫增多到一定数量后，工人会将这些泡沫撇去。当泡沫撇干净以后，里面的莲子已经开始变白。最后再经过清理、冲洗之后，一缸经过化学加工的红莲子就变成了白莲子。毋庸置疑，增白剂对人体有一定的影响，下面我们就一起具体讨论一下。

莲子增白剂对人体的影响

1. 危害人体肝脏

在加工过程中有害化学品会渗透到莲子的内部，然后引起莲子结构和营养成分的改变。常见增白剂有工业氢氧化钠和工业双氧水，里面含有很多对人体有害的重金属离子。莲子浸泡在这些化学品当中，那些有害的重金属离子就会残留在莲子中。重金属会导致人体血红蛋白变性，进而严重影响肝脏功能。还有一种荧光增白法，其使用的增白剂中含有一种叫作多环苯丙恶唑类的化学物质，人体吸收以后，会长期在体内积累，进而跟体内蛋白质结合，产生难以排出体外的物质，对人的肝脏造成很大的危害。

2. 致癌

科学研究表明，长期食用增白剂，会氧化消化道黏膜，进而诱发食管癌。

3. 造成人体免疫功能下降

增白剂不容易被人体分解，会在人体内蓄积。如果加工莲子的过程中添加了荧光增白剂，而且长期食用的话，很可能会引起细胞变异，导致人体内免疫细胞数量和质量下降，从而导致人体免疫功能下降。

怎么区分莲子的好坏?

1. 外观上

手工白莲子有一点自然的皱皮,机器磨皮的白莲子有一点残留的红皮在上面,优质的莲子颗粒大小均匀,表面整齐没有杂质,颜色为淡淡的黄色,有明显的光泽。而一些劣质的莲子颗粒大小不是特别均匀,一般是有大有小,表面发白,没有明显的光泽。手工的孔通常比较小,而药水泡过的白莲子孔通常比较大。

2. 口感上

其一,质量较好的莲子通常比较容易煮熟,放一颗到嘴里嚼会听到嘎嘎的脆响声,吃完后口中余香。而市面上一些质量较差的白莲,煮熟后一般都粘到一块了,放进嘴里香味不是很明显,嚼起来也听不到脆响声,一般都是放进嘴里就碎了。其二,手工白莲子和磨皮白莲子煮过以后,闻起来很清香,而且莲子膨化很大。而化学去皮的莲子煮过以后大小基本上没有变化,而且闻起来还有一种碱的味道。

3. 产地上

一般来说,莲子产地较好的有福建省西北部的建宁,这里是我国三大贡莲之首。这里生产的白莲子颗粒较大,而且加工方式采用的是人工去皮,没有添加物,安全健康。建宁生产的白莲子稍煮即熟,口感松软。还有湖南湘潭的湘莲子,也是我国三大莲子之一。湘莲的种植程序十分精细严格,其在采摘时需精选寸三莲、芙蓉莲或太空莲。湘莲在每年3月中、下旬深耕莲田,清明前后栽植,9月采摘。加工也是用传统方法手工加工,湘莲子经去壳、去皮、去芯等工序后即成为湘莲子产品。经过如此多复杂工艺而生产出的湘莲子,颗粒饱满均匀,呈短椭圆形;皮呈棕红色,有细纹；莲肉乳白，煮食易烂，清香味美。

莲子增白剂

（图：王功尚）

075

如何预防亚硝酸盐的危害？

什么是亚硝酸盐？

亚硝酸盐，是含有亚硝酸根阴离子的盐。最常见的是亚硝酸钠，亚硝酸钠为白色至淡黄色粉末或颗粒状，味微咸，易溶于水。

硝酸盐和亚硝酸盐广泛存在于人类环境中，是自然界中最普遍的含氮化合物。人体内硝酸盐在微生物的作用下可还原为亚硝酸盐、N－亚硝基化合物的前体物质。其外观及滋味都与食盐相似，并在工业、建筑业中广为使用，肉类制品中也允许作为发色剂限量使用。由亚硝酸盐引起食物中毒的概率较高，食入 0.3 ~ 0.5 克的亚硝酸盐即可引起中毒，3 克可以致人死亡。

亚硝酸盐的危害有哪些？

腌菜、腌肉、剩菜，这些食物不能多吃，因为它们含有大量的亚硝酸盐，会对健康造成危害。实际上，由于微生物的生长代谢，这类长期存放的食物，相比于新鲜食物，确实有相对较高的亚硝酸盐含量，亚硝酸盐过量也确实能引起不良反应。但这些不良反应也并没有一些媒体所说的那么容易发生。人体各处细胞的生命活动，都需要氧气来维持，而被吸入肺部的氧气，是由血红蛋白通过血液循环来运输到身体各处的。在我们身体里，复杂的血液循环系统就像是四通八达的公路，而随着血液循环流动的血红蛋白分子，就像路上的公交车。当一辆行驶在公路上的公交车碰上了需要去身体各个部门里上班的氧，血红蛋白就可以把氧拉上车，继续前进。等到它们行驶到了那些需要氧的部门，氧就会下车去上班。这样，在我们身体的这个小社会里，各个部门就能各司其职，正常运行了。而这个时候，如果人体摄入了过量亚硝酸盐，我们刚才说的这个运输氧的过程，就无法正常进行了——亚硝酸盐在人体中，可以把正常的血红蛋白氧化，导致它运输不了氧气，相当于把原来的公交车车门给封住了。车外面的氧上不去，车里面的氧下不来，最终导致组织缺氧，使人出现头晕、昏迷甚至休克的不良反应。亚硝酸盐是一种允许使用的食品添加剂，只要控制在安全范围内使用不会对人体造成危害，但长期大量食用含亚硝酸盐的食物存在致癌的隐患。因为亚硝酸盐在自然界和胃肠道的酸性环境中可以转化为亚硝胺。亚硝胺具有强烈的致癌作用，主要引起食管癌、胃癌、肝癌和大肠癌等。其致癌机理为亚硝酸盐被吃到胃里后，在胃酸作用下与蛋白质分解产物二级胺反应生成亚硝胺。胃内还有一类细菌叫硝酸还原菌，也能使亚硝酸盐与胺类结合成亚硝胺。胃酸缺乏时，此类细菌生长旺盛，故不论胃酸多少均会有亚硝胺的产生。

如何预防亚硝酸盐的危害？

（1）通过正规销售渠道购买食盐。

（2）只要适量，亚硝酸盐也并不可怕。食用新鲜蔬菜，不食用放至过久或者变质的蔬菜；吃剩的熟菜不要在高温下存放过久，最好当天吃饭当天做，吃不完宁可倒掉。

（3）食用抑制亚硝胺形成的食物。如大蒜中的大蒜素可以抑制胃中的硝酸盐还原菌，使胃内的亚硝酸盐明显降低；茶叶中的茶多酚能够阻断亚硝胺的形成；富含维生素 C 的食物可防止胃中亚硝胺的形成，还能抑制亚硝胺的致突变作用。

（4）不喝存放过久的水和苦井水，不吃刚腌过的菜。菜在腌制的第 8 天内亚硝酸盐含量最高，腌菜时应稍多放点盐，至少要腌上 20 天以后再吃。

（5）尽量少吃或不吃隔夜的剩饭菜，咸鱼、咸蛋、咸菜等。

（6）尽量少食用腌制食品，保管好亚硝酸盐，防止将亚硝酸盐当食用盐误食中毒。

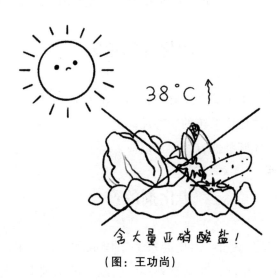

（图：王功尚）

如何有效管控塑化剂？

塑化剂有什么用途？

塑化剂主要用于工业材料生产之中。其主要功能可以改善高分子材料的性能，增加塑料的可塑性和强度。被广泛用于食品包装、化妆品、医疗器材，以及水体环境中。其本身并不属于食品添加剂一类的化学物质，却常常在食品中被发现，而过量的塑化剂对人体的损害是很大的。

塑化剂的危害

（1）导致人类生殖器官发育不良。

（2）导致人体免疫系统的变态反应。

（3）导致人体肝脏器官的中毒反应。

塑化剂的产生

（1）人为非法添加：不良商家为了谋取利益，追求产品外观诱人，人为添加非法的塑化剂，在满足外观吸引眼球的基础上，还降低了成本，增加了收益。

（2）加工过程混入：绝大多数食品在生产的过程中总是会使用到一些塑料橡胶制品，如塑料管道、塑料袋、橡胶容器等。当高温产品经过这样的管道或容器时就会将塑料中的物质迁移入食品中，导致食品塑化剂超标。这种无意识，是缺乏塑化剂相关知识导致的。例如在制酒企业中，酿造的原酒就会流过塑料管，而酒精又极易让塑料中的塑化剂释放出来，导致塑化剂严重超标，另外食品添加剂中香精或含有香精的制品也是塑化剂产生的源头之一。

（3）环境污染渗透：随着温室大棚、塑封技术的开发与发展，越来越多人使用塑料制品来种植、保存农作物。如大棚薄膜的使用，除草剂、除虫剂的使用，不可避免地会出现塑化剂渗透的现象。包括在塑料的焚烧与掩埋的过程中，塑化剂大量地渗透进入土壤河流，现在国家的大气、湖泊、河流和土壤中都已经检测出不同浓度的塑化剂。

塑化剂的管控

为了保障食品安全，减少塑化剂的含量，对塑化剂的管控就显得十分重要了。塑化剂含量管控主要有三个阶段：生产阶段、运输阶段、餐饮阶段。

（1）生产阶段：面对在生产过程中可能存在的污染问题，应对包装材料、生产设备、生产线等可能被污染或者可能产生污染的材料物品进行排除与监管。坚决抵制可能产生塑化剂的设备。

（2）运输过程：面对在运输过程中可能存在的污染问题，要坚决不使用不符合食品标准的食品包装袋、塑料桶、塑料瓶等。例如油类酒类对塑料可溶性高的物质不能用塑料瓶装，以免在流通的过程中融入过量的塑化剂。

（3）餐饮过程：面对在餐饮过程中可能存在的污染问题，应避免使用一次性的塑料餐具，减少塑化剂的摄入。

总而言之，塑化剂管控永远不能只停留在口头上而是要赋予行动，进行严格的管控。坚决不使用来源不明、成分不明、质量不明的材料，在选择材料时要选择正规的口碑良好的商家进行购买，不要因为贪小便宜选择劣质不符合标规的产品而导致更大的食品安全问题。另外，尽可能多地了解关于塑化剂以及食品安全的相关知识，增加商家本身对塑化剂危害的认知，避免因为认知而导致的塑化剂食品安全问题。

（图：王功尚）

077

如何避免重金属带来的危害？

什么是重金属？

重金属是指密度大于 $4.5g/cm^3$ 的金属，包括金、银、铜、铁、汞、铅、镉等，不过在工业上被划分为重金属的只有铜、铅、锌、锡、镍、钴、锑、汞、镉和铋。重金属并非绝对有害，相反，我们生活中常会接触重金属，如常用的护肤品中就含有一些重金属原料。人体缺锌会导致食欲减退、发育不良等情况。但是其中某些金属元素（如汞、铅等）是人体万万不能摄入的，并且，即使是人体所需要摄入的金属元素，摄入过多同样会带来很多危害。

重金属对于人体的危害有哪些？

不同重金属给人体带来的影响往往是不同的。2013 年的镉大米事件中，过多食用了这种大米的人会出现"痛痛病"的症状（症状初期为手脚等处的关节疼痛，末期骨骼严重畸形，骨脆易折最终痛苦地死去），其原因便是镉对肾脏及骨骼的破坏。2020 年一外卖小哥由于长时间以外卖代替三餐导致其于 11 月因为有严重的贫血、腹痛等症状而转入浙大杭州市第一医院，最终结果是由于三餐吃外卖导致血铅浓度超标，已处于重度铅中毒状态。2009 ~ 2011 年的"皮革奶"事件中，某些企业用皮革下脚料溶解之后制成的蛋白粉混合到牛奶里以提高蛋白质含量，但此行为容易将三价铬转化为容易导致癌症的六价铬，因此国家在 2011 年的《全国生鲜乳质量安全监测计划》中将"皮革奶"列为农业部检测"黑名单"。

虽说不同重金属使人患病的机理不尽相同，但是其中任何一种重金属都会引起头痛、头晕、失眠、健忘、神经错乱、关节疼痛、结石、癌症等，这些症状都或多或少会对我们的日常生活带来影响，在体内沉淀越多带来的危害也会越大，并且人体通常无法正常分解重金属，超标时必须立刻药物消除重金属。

如何避免重金属带来的危害？

重金属在食品方面带来的危害已经不是一天两天了，但是如今人们谈起重金属仍会后怕，说明重金属在食品安全方面的问题始终没有得到根本的解决。那么未来该如何正确地处理这个问题，大致需要从以下几个方面入手：

（1）虽然国家在保障食品安全方面制定了一系列法案，频繁地对各种食品进行重金属含量检查，也经常对出现过重大食品安全事故的企业进行全国通报批评并列入黑名单，但是总的来说，国家对于违规企业的惩处力度偏轻，企业违规风险较低，所以国家应适当加强对违规企业的惩处力度。

（2）进一步加强科技创新，提高原料的利用率。大多数企业生产重金属超标的食品多是因为按照常规流程和原料成本过高，而使用成本更低的重金属超标的原料，可以降低成本而获得更多的利润。因此一旦出现了

新的方法，可以降低常规流程的成本，那么企业经过权衡后就会选择没有风险的方式。

（3）媒体和群众参与监督各个企业，而不是等到某个企业或者某个事件已经造成了极大的不良影响才向国家进行检举，一场大火往往诞生于一个小火苗，只要尽早发现才可以减轻其对于整个社会的影响。

（图：张莹）

078

如何正确辨认保质期？

什么是保质期？

保质期通常指预包装食品在标签指明的储存条件下保持品质的期限。在此期限内，产品完全适于销售，并保持标签中不必说明或已经说明的特有品质。保质期的时间受多种因素的影响，要考虑食品的微生物、物理、化学特性，包装材料和包装方式，生产工艺，车间环境条件，预期的使用方式和货架形式，储存和运输条件等因素。包装材料、包装方式或储存环境参数不同的相同食品，可规定不同的保质期。

保质期如何确定？

保质期确定的基本程序包括确定方案、设计试验方法、方案实施、结果分析、确定保质期和保质期验证 6 个步骤。在确定保质期时应充分考虑食品安全风险因素对保质期的影响，如不同储存温度下的微生物风险。通过加温加湿、光照等破坏实验评估保质期。当然产品的保质期并不是越久越好，还要考量市场周转、消费者接受度等因素。目前，常采用以下两种方法确定食品保质期。其一是从市场中同系列产品入手进行调查分析，同时兼顾消费者的相关需求，确定相对合理的产品保质期。其二是针对食品的不同存储状况进行详细试验检测，明确相应食品在不同情况下的保质期。

生活中对保质期有哪些认识误区？

（一）保质期≠保存期

保质期又称最佳食用期，国外称为货架期，指在标签指明的储存条件下，食品保持品质的期限。在适宜的储存条件下，超过保质期的食品，如果色、香、味没有改变，在一定时间内可能仍然可以食用。

保存期是产品可食用的最终日期。在保存期之后，食品会发生品质变化，产生大量致病细菌，不可食用，必须丢弃。

（二）不浪费就是"美德"

很多人认为，食物过期后只是口感变差，只要没有严重发霉变味，就

应该尽可能吃掉。然而，这种"美德"容易伤身，比如，水果出现部分腐烂变质后，即便吃的是未腐烂部分，其毒素依然会对人体形成威胁。

（三）冰箱＝保鲜柜？

很多微生物繁殖的适宜温度范围为 4℃～60℃，而大部分冰箱冷藏温度并没有达到 4℃ 以下，即使达标，也只是延缓细菌的生长繁殖，并不能杀灭微生物。

（四）保质期长一定不安全，保质期短一定就新鲜？

新不新鲜、安不安全，主要看食品采用的是哪种保鲜技术。在现有的保鲜技术下，放了半年的产品，不一定比放了三天的产品不安全。拿猪肉来举例，一块是在 -18℃ 条件下已经储存了半年，刚从冷库中拿出来的猪肉，另一块则是现宰的猪肉，但在夏天常温下已经放了 3 天，哪块更新鲜更安全？

如何正确辨认保质期？

（一）辨别包装出厂食品

1. 看日期色泽

假的生产日期标注通常模糊不清，周围留有墨迹。

2. 可用手擦拭

生产日期一般是钢印打上或电喷形成，用手无法直接将其擦掉。而涂改过的生产日期，用手轻轻一抹，颜色便开始变浅。

3. 看日期颜色

一些正规大厂家为了避免过期食品被更改日期，故意选用难以模仿的烫金字,而违法供货商造假时通常都会选择成本较低的黑色原料。

(二)仔细辨认超市自制食品

1. 仔细查看生产日期和保质期等标识

注意看包装是否完好,标签不完整、包装破损的不要买,必要时可闻一闻有无异味。

2. 合理选择超市食品

尽量选择新鲜的、刚出锅的产品,少买容易腐败变质的凉拌菜。熟卤制品买回去后最好再重新加热,凉拌菜买回家最好再增加一些醋、蒜等调味品杀菌。

3. 警惕自制食品的打折促销活动

此类活动大多是针对马上过期的食品进行的,不要贪图便宜而大量购买。

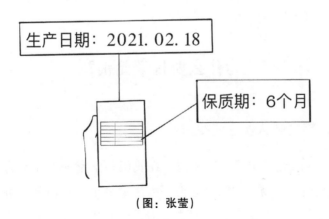

(图:张莹)

如何进行科学储粮？

什么是科学储粮？

我们常说"五谷杂粮"，那么什么是五谷杂粮呢？五谷是指稻谷、麦子、大豆、玉米、黍类这五种，米和面粉以外的粮食称作杂粮，因此五谷杂粮也泛指粮食作物。科学地储存这些粮食作物，是指在传统方式上结合现代技术，充分利用地区资源，结合不同地区和不同种类粮食作物的最佳储存条件、例行检查方式以及预防、识别和解决各类问题的措施，从而实现保证和改善粮食品质、避免或减少粮食损失的目的。通俗来讲，就是用科学的方法保证储粮的质量。科学储粮不仅要求高效、实用，还要求方法经济简便并可大规模应用。

为什么要科学储粮？

（一）粮食是人类生存之本

我国作为农业大国及人口大国，在我国科学家的不懈努力下，杂交水稻等高产粮食作物品种问世并得到大规模种植，从而基本解决了人们的温饱问题。即便在这个人人都能吃饱饭的时代，我们依旧要以勤俭节约为荣，以铺张浪费为耻，这不仅表现在餐桌上，也表现在平时要注意粮食的存储。五谷杂粮作为我们的主要食物来源，科学储粮更是不容懈怠。

（二）非科学储量会造成粮食浪费

在现实中，我们在进行粮食储存时往往会碰到很多问题，比如粮食变质、发霉、生菌、生虫以及粮仓起火等，造成大量浪费。由于五谷杂粮这类食物储存时间较长，储存量一般比较大，需要占用的空间大，那么在储存的这段时间里，粮食受到外界影响的可能性就较大，并且很容易滋生虫类以及微生物。所以在面临天气等环境因素变化时，一旦粮仓管理或是储存方式出了问题而不及时解决，后果将是大量的粮食浪费以及财产损失。因此，科学储粮的有关知识是每一位农户以及粮食工作者都应掌握的。

怎样实现科学储粮？

科学储粮涉及内容颇多，故以几种主要粮食的储藏方法为例，并简要介绍虫害防治的方法。

（一）稻谷的储藏方法

1. 保证入库质量

稻谷入库时应达到水分少、杂质少、不完善粒少的基本要求。在晾晒后稻谷颗粒应入手干滑、入口脆响，并在入库前进行过筛、风选清除杂质。对于短期储存则可适当降低要求。

2. 适时通风

一般夏季成熟入仓的稻谷由于呼吸旺盛、粮温和水分较高，需要多通风来提升粮仓干燥度，秋季入仓通常粮堆内外温差大，还需要结合深翻粮面，以防结露。

3. 低温密闭

充分利用冬季寒冷干燥的天气，进行通风，在春季到来前进行压盖密

闭，以便安全度夏。

（二）小麦的储藏方法

1. 严格控制水分

充分利用小麦收获后的夏季高温条件进行暴晒，再入库入仓。入仓后应做好防潮措施。

2. 热入仓密闭

选择晴朗、气温高的天气，将麦温晒到 50 摄氏度左右，并聚堆，趁热入仓，整仓密闭持续 10 天左右可杀死全部害虫，此后，粮温逐渐下降与仓温持平，转入正常密闭储藏。

3. 低温密闭储藏

将小麦在秋凉以后进行通风，充分散热，并在春暖前进行压盖密闭以保持低温状态，这是小麦长期安全储藏的基本办法。利用冬季严寒低温，进行翻仓、除杂、冷冻，将麦温降到 0℃ 左右，然后趁冷密闭，对于消灭麦堆中的越冬害虫有较好的效果。

（三）大豆的储藏方法

1. 充分干燥

大豆脱粒后要抓紧整晒，降低水分，目的与前两者类似。

2. 适时通风

新入库大豆堆内湿热积聚较多，同时正值气温下降季节，极易产生结露现象。因此大豆入库 3～4 周左右应及时通风，散湿散热。

3. 低温密闭

在冬季将大豆进行冷冻，采用低温密闭储藏。

（四）虫害防治

通常有清洁卫生防治、土法防治、化学防治等方法。

1. 清洁卫生防治

此法简便易行、花钱少、收效大、无污染，绝大多数仓虫种群和个体在清洁卫生的环境中是难以生存的。主要应做好以下两个方面的工作：减少粮食杂质和保持储粮环境卫生。

2. 土法防治

前面讲述了粮食储藏的通用方法，下面介绍几种其他方法。

（1）海带防虫。这种方法是将晒干的海带混放于粮食中，一周后海带可吸收粮食中的部分水分，并可杀灭部分害虫。另外海带取出晒干后可重复使用。

（2）"三粉"合剂防虫。这种方法是取陈皮粉、八角粉、红辣椒粉各等量混合后用纱布包好，每包重100克，按每500公斤粮食均匀投放5包，密封储存，驱杀害虫效果显著。

（3）生石灰压盖。这种虫害防治的操作方法是在仓底部铺2厘米厚的生石灰，再装入晒干后的粮食，在粮面上盖2厘米厚的生石灰，便可保持粮食长期无虫。

3. 化学防治

化学防治法适于有条件和需求的农户使用，有以下两种常见的方法：

（1）使用储粮安。储粮安是一种高科技产品，使用比例为每200克用于500公斤粮食。使用时按比例均匀撒在晒干扬净的粮食中，然后装包储存或直接放入粮仓储存。在仓底及粮面撒上少许储粮安效果更佳，防虫有效期一年。

（2）使用防虫磷。这种化学防治虫害的方法通常要用到各地粮食部门制作的防虫磷药糠。使用时按照说明书上的要求将药糠均匀地拌合到粮食中，每层药糠间距保持在 30 厘米以内，最后在粮面再撒一层。

使用化学防治手段时有一些注意事项，如化学药物使用时要防止接触眼睛和脸，施用时戴口罩和手套并在结束后洗净手脸，不可将药剂投入水域，不可对大米、面粉等成品粮使用等。

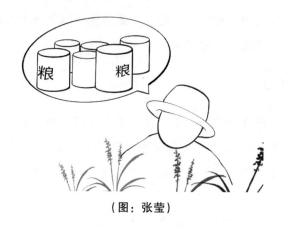

（图：张莹）

080

长期冷藏食品有哪些危害？

什么是长期冷藏食品？

长期冷藏食品是指长期保存在低温环境下的各类食物，例如长期在冰箱中的剩菜、黑心商家使用的冷藏较久的冻品、"僵尸肉"，等等。可见，这些长期冷藏的食品离我们的日常生活并不远。

食用长期冷藏食品的危害有哪些?

在我们的日常生活中,有些人会下意识地认为将食物放在冰箱中冷藏就不会滋生细菌。殊不知,正是因为这种观念使得人们很难注意到食品的变质。低温环境下食品仍会滋生细菌并且即使变质也不会产生较大的气味,使得相较于常温下的食品,在这些长期冷藏的食物中,我们更容易吃到变质的食物。

经过长期冷藏的食品即使并未超过保质期,时间长了,亚硝酸盐的含量仍然会增加。部分食物也会滋生大量的细菌,人体食用后会导致消化系统受到细菌感染而引起疾病的发生,常见的病症包括急性肠胃炎、细菌性痢疾、幽门螺旋杆菌感染等。若我们忽视长期冷藏食品可能带来的危害,就可能造成极其严重的后果。

如何避免食用长期冷藏食品?

(一) 个人层面

1. 定期清理冰箱

养成定期清理冰箱的习惯,及时清理掉那些已经变质的食品。有些调味品本身的使用次数低,在冰箱中更容易被人遗忘,到了下次使用时就往往已经间隔了较长时间。对于这些并不经常使用的食材,我们应该做好及时的清理。

2. 不去或少去那些价格明显低于市场价的餐厅

市面上常见的个别"××元任吃"的自助餐厅所使用的肉类并不新鲜,甚至个别的商家使用的是冷冻了数年的僵尸肉,我们不应该为了贪小便宜而损害了自身的健康。

3. 不要一次性屯大量的食材

屯食材的行为尤其常见于北方，由于北方冬季天气较为寒冷，人们习惯一次性购买大量食材以备过冬。我们应尽量避免一次性购入大量肉类，相对于蔬菜，肉类更容易在低温的环境中滋生大量的细菌。食物的购买最好做到少量多次。

（二）商家层面

1. 自觉遵守相关法律法规

商家也应了解相关的法律法规，遵守法律，积极配合监管工作，对法律有敬畏之心，做有良心的企业。

2. 拒绝来路不明的低价食材

对于价格明显偏低的来路不明的食材要学会拒绝，经得住诱惑，坚持使用优质原材料。发现有来路不明的低价食材后，要及时向相关部门举报，阻断劣质食材在市场的流通。

（三）社会层面

1. 加强对市面流通食品的监管

相关监管部门应及时进行线下突击检查，并公布相关处罚结果，提高企业的法律意识。

2. 加强海关的相关监管力度

近年来，海外食品走私的案件时有发生。而每一次走私食品的流入，都是对消费者的潜在危害。海关部门应尤其重视，守护人们的餐桌安全。

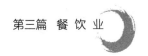

3. 完善相关法律法规，广泛接受社会各界相关意见并接受其监督

相关人员要做好法律法规层面的完善、更新工作，确保法律与现实相衔接。此外应发挥互联网的作用，加大监督主体的范围，在接收到群众的反映后及时对相关商家做突击检查。

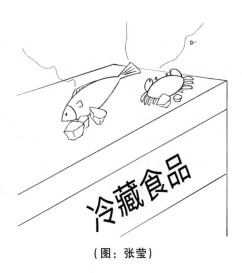

（图：张莹）

081

如何科学储存农产品？

什么是农产品储存安全问题？

农产品储存是指农产品离开生产领域尚未进入消费领域时所形成的停滞状态。由于绝大部分农产品是季节性生产，全年性消费，生产与消费在

时间上的不一致要求农产品有一个或长或短的时间储备。而农产品储存安全问题便是在储备期间由于储存不当产生的一系列问题。

农产品在储存期间会存在哪些安全问题？

（一）霉变

引起农产品在储存时发霉的主要原因是农产品堆放在一起，不通风，其产生的湿气导致农产品受潮发霉。而引起发霉的霉菌不是分类学上的名词，而是一些丝状真菌的通称，属于真菌的一部分。其对人类具有双重性，有利的方面是它可以用于酿造、工业发酵、抗生素和酶制剂的生产等，不利的方面是它会造成农副产品、食品、原料及器材的腐烂，也会感染并导致人类、动物和植物的多种疾病。少数种类，如黄曲霉菌能产生黄曲霉毒素，黄曲霉毒素是一种致癌物质，危害人、畜的健康和生命安全。因此，霉菌的检测对于食品的安全性很重要。

（二）自燃

刚刚收获的粮食一方面由于干燥处理的不恰当，或者在储存过程中遇水导致化学反应或生物反应，造成温度升高；另一方面是储存的粮食没有进行严格的密封处理或者露天存放，导致氧气充足，易发生这类安全隐患。粮食本身的燃点较高，而且在高温条件下大部分粮食会碳化，并非直接燃烧，所以粮食自燃一定是旁边存在燃点低的物品，大概率是粮食下面的防潮垫或者遮盖用的防雨布引起的。

（三）发芽

农产品在储存过程中若储存不当可能导致农产品发芽，其中一部分农产品发芽可能会产生有害物质，例如：土豆、花生、红薯等。

1. 土豆

土豆是最容易发芽的蔬菜，土豆中含有一种天然的"武器"——龙葵素，这种武器能保护土豆免受霉菌、虫子的侵害。但如果人摄入过多龙葵素，则会出现口舌发麻、恶心、呕吐、腹泻等中毒症状，因此发芽的土豆不要食用。

2. 花生

花生发芽并不是不能吃，但因为花生发芽和发霉所需要的环境条件是一样的，很多发芽的花生也会出现发霉现象。当花生外皮被破坏后很容易滋生黄曲霉毒素，而发霉了的花生黄曲霉毒素的含量会很高，所以花生发芽后尽量不要食用。

3. 红薯

红薯发芽的同时表皮呈褐色或黑色斑点，这是因为受黑斑病菌污染所致，其排出的毒素，即使经过水煮火烤，其生物活性也不会被破坏，不仅极易引起急性中毒，而且还会损害肝脏功能，所以不可食用。

如何有效储存农产品？

（一）常规储存

即一般库房，不配备其他特殊性技术措施的储存。这种储存方式的特点是简便易行，适宜含水分较少的干性耐储农产品的储存。采用这种储存方式应注意两点，一是要通风，二是储存时间不宜过长，如粮食类的储藏。

（二）窖窑储存

这类储存方式要求储存环境氧气稀薄，二氧化碳浓度较高，能抑制微生物活动和各种害虫的繁殖，且不易受外界温度、湿度和气压变化的影响，是一种简便易行、经济适用的农产品储存方式。较适宜对植物类鲜活农产品进行较长时间的储存，例如，冬储大白菜、萝卜、马铃薯、大

葱等。

（三）冷库储存

冷库储存能够延缓微生物的活动，抑制酶的活性，以减弱农产品在储存时的生理化学变化，保持农产品应有的品质。这种储存方式的特点是效果好，但费用较高，如肉类产品的储藏。

（四）干燥储存

干燥储存分为自然干燥和人工干燥两种。干燥的目的是为了降低储存环境和农产品本身的湿度，以消除微生物生长繁殖的条件，防止农产品发霉变质。

（五）密封储存

密封储存虽然投资较大，但储存效果良好，是现代农产品储存研究和发展的方向。它适宜各种农产品，特别是鲜活农产品（如果品、蔬菜等）的储存。

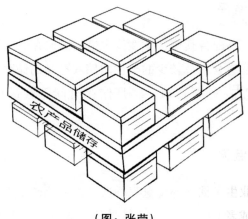

（图：张莹）

082

如何对食品进行保藏?

什么是食品的保藏?

我们在日常生活中经常能接触到食品保藏方面的问题,那么什么是食品的保藏呢?食品的保藏就是采用一些物理、化学方法防止食物变质,延长食用期限,使食品能长期保存。食品保藏可以采用的方式有很多,总的来说分为五类:低温保藏法、高温灭菌保藏法、通风保藏法、真空密封保藏法、提高渗透压保藏法。低温保藏法主要运用在烹饪级食品的保存;高温保藏法主要用于保存一些干货和肉类(农户生产的瓜子、花生、小鱼干等);通风保藏法一般适用于保存粮食、干货食物;真空密封保藏法主要用于部分新鲜蔬果的保藏。提高渗透压保藏法常用的有盐腌法和糖渍法。食品的保藏涉及农户的利益和食品的安全问题,做好食品保藏工作至关重要。

食品保藏过程中会存在哪些问题?

(一) 营养流失

随着我国农业生产技术的提高,农户生产的农产品产量大幅度增多,农户在产品食用或者售卖出去之前所要面临的保藏问题越发凸显。蔬果中含有大量的维生素,如果保藏和保鲜没有做到位就会造成维生素大量损失,特别是其中的维生素 C 和维生素 B。

（二）安全问题

随着保藏时间的增加，食品中的亚硝酸盐含量也会随之增加，亚硝酸盐摄入超过一定量后会出现亚硝酸盐中毒甚至死亡的严重后果。所以说做好食品的保藏工作是确保食品安全至关重要的一个环节。因为一些普通农户缺乏对食品保藏知识的了解，经常会因为食品保藏不到位导致食物过早腐烂变质，造成一定经济损失，长此以往会导致农户生产积极性降低。这类安全问题也多次在中小学食堂发生过，部分中小学食堂在普通农户处购买食材，由于食材保藏不到位而造成学生食物中毒的现象时有发生。还有部分农户不舍得把一些接近腐烂或者卖相不好的食材丢弃，抱有侥幸心理自己食用而导致食物中毒。民以食为天，保证食品的安全是确保人们幸福生活的重要一步，而食品的保藏问题更是不容忽视。

如何科学地对食品进行保藏？

综上可知，食品的保藏是农户在生产出食品后所要面临的一步至关重要的工序，那么该怎样对食品进行保藏呢？最常见就是以下提及的五种食品保藏方法，下面简单介绍一下它们的保藏原理和具体操作步骤。

（一）低温保藏法

1. 原理

降低酶活性，抑制微生物生长繁殖。

2. 适用食品

低温保藏法适用于烹饪级食品。烹饪级食品说白了就是家里的一些短时间内会被食用的食品或者农户家中能够及时售卖出去的新鲜蔬菜、水果等。这些食品只需要短时间内保持新鲜，低温保鲜法可以抑制微生物繁殖，减缓食物腐烂的速度，正好适用于短时间内保持食物新鲜。

3. 操作方法

低温保藏法操作简单、成本低，只需要将刚采摘的新鲜蔬果或者刚制作好的食品放入冰箱即可，但切记一些新鲜蔬果不能放入冷冻箱，这样会导致新鲜蔬果结冰，造成营养物质流失。

（二）高温杀菌保藏法

1. 原理

通过对食物进行高温处理从而杀灭大部分的细菌和酶类，有效延缓食物腐败变质的速度。

2. 适用食品

动物性食物的成品和半成品以及水发干货类食物等。

3. 操作方法

将食物用开水煮透或蒸透，一般需要达到 100 度以上的高温，取出该食品或直接用原汤浸泡，放在干燥通风的地方不搅动，避免被污染。这种保藏方法一般适用于餐饮行业，普通农户也可以用来较长时间的保存自制的肉类或者干货类食品。

（三）通风保藏法

1. 原理

在存放食物时保持通风干燥可以抑制霉菌生长，减少霉变。

2. 适用食品

粮食、干货食物等怕霉、怕捂的食物。

3. 操作方法

将食物存放在一个通风干燥的环境中，这种方法在农户的日常生活中

很常见，也是一种比较简单、易操作的保藏方法。

（四）真空密封保藏法

1. 原理

将食品隔绝空气保藏，主要目的是使微生物失去适宜的生存环境，抑制微生物生长或者直接杀死微生物。其次是为了防止食品氧化，因为食物中某些物质会因为氧化作用导致食品变质。

2. 适用食品

常温、常压下容易腐败、变质的食品，例如一些肉制品、酱菜等，还有部分蔬菜水果、液态奶等也常常用到真空密封的保藏方法来延长食用期限。

3. 操作方法

我们日常生活中常用保鲜膜暂时模拟真空密封环境，可以有效延长食品的食用期限。普通农户因为生产的食品量较多可以采用真空密封包装的方法来对食品进行包装，以延长保质期。另外农户在腌制酸菜时往往会用水封的方法将酸菜坛内部隔绝空气，这种操作方法在一定程度上也达到了真空密封保藏的目的。

（五）提高食品渗透压保藏法

1. 原理

提高产品渗透压通常有两种方法：盐腌法和糖渍法。其目的都是通过提高食品渗透压使微生物处于高渗状态的介质中，使菌体脱水收缩死亡。

2. 适用食品

咸鱼、咸肉、咸蛋、咸菜等（盐腌法）；糖炼乳，果脯、蜜饯、果酱等（糖渍法）。

3. 操作方法

农户将生产出的食品采取腌制或糖渍的方法制成罐头或者存入菜坛中，提高渗透压保藏可以有效延长食品食用期限，并且得到更美味的食品，其多见于普通农户家庭。但有必要提醒的是，在腌制酸菜时一定要把握时间和用盐量，注意密封保藏，避免亚硝酸盐中毒。如果发现食品开始变质立刻倒掉，不可让变质食品流入餐桌。

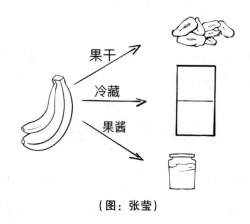

（图：张莹）

083

如何合理使用食品防腐剂？

什么是食品防腐剂？

食品防腐剂是能防止由微生物引起的腐败变质，延长食品保质期的添加剂。因兼有防止微生物繁殖引起食物中毒的作用，又称抗微生物剂。它

的主要作用是抑制食品中微生物的繁殖，能在不同情况下抑制腐败作用的发生，特别是在一般灭菌作用不充分时仍具有持续性的效果。

食品防腐剂应具备什么条件？

（1）性质较稳定，加入食品中后在一定时间内有效，在食品中有很好的稳定性；

（2）低浓度下具有较强的抑菌作用；

（3）本身不应具有刺激气味；

（4）不应阻碍消化酶的作用，不应影响肠道内有益菌的作用；

（5）价格合理，使用较方便。

食品防腐剂有哪些种类？

食品防腐剂按作用分为杀菌剂和抑菌剂，二者常因浓度、作用时间和微生物性质的不同而不易区分。按性质也可分为有机化学防腐剂和无机化学防腐剂两类。此外还有乳酸链球菌素，是一种由乳链球菌产生、含34个氨基酸的肽类抗菌素。防腐剂按来源分，有化学防腐剂和天然防腐剂两大类。化学防腐剂又分为有机防腐剂与无机防腐剂。前者主要包括苯甲酸、山梨酸等，后者主要包括烟硝酸盐和亚硫酸盐等。天然防腐剂通常是从动物、植物和微生物的代谢产物中提取。

防腐剂的使用注意事项

防腐剂的效果并不是绝对的，它只是对某些食品具有一定限度内延长储藏期的作用，并且其防腐效果根据环境 pH 的变化有所差别；另外，防腐剂必须按添加标准使用，不得任意滥用。普通农户在使用防腐剂时应注意以下几点。

（一）添加防腐剂前做好灭菌工作

在添加防腐剂之前，应保证食品灭菌完全，不应有大量的微生物存在，否则防腐剂的加入将不会起到非常理想的效果。如山梨酸钾，不但不会起到防腐的作用，反而会成为微生物繁殖的营养源。

（二）了解各类防腐剂的安全使用量和使用范围

应了解各类防腐剂的毒性和适用范围，按照安全使用量和使用范围进行添加。如苯甲酸钠，因其毒性较强，在有些国家已被禁用，而中国也严格确定了其只能在酱类、果酱类、酱菜类、罐头类和一些酒类中使用。

（三）了解各类防腐剂的有效使用环境

应了解各类防腐剂的有效使用环境，酸性防腐剂只能在酸性环境中使用才会有有效的防腐作用，如山梨酸钾、苯甲酸钠等。

（四）对症下药

应了解各类防腐剂所能抑制的微生物种类，有些防腐剂对霉菌有效果，有些对酵母有效果，只要掌握好防腐剂的这一特性，就可对症下药。

（五）综合考虑后选用

根据各类食品加工工艺的不同，应考虑到防腐剂的价格和溶解性，以及对食品风味是否有影响等因素，综合其优缺点，再灵活添加使用。

农户在使用防腐剂时的注意事项

（一）在包装时做好特别标注

儿童、孕妇等敏感人群，不宜使用添加过多防腐剂的食品，所以农户

在包装产品时应在产品上特别标注出来。

（二）控制好防腐剂的使用量

在对一些食品使用防腐剂时，不要认为防腐剂使用量越多越好。农户有时为了保证自己的收益，想着多使用一些防腐剂就可以延长自己所生产食品的保质期。然而防腐剂的使用不是越多越好，防腐剂一般都会有使用说明，使用说明中会明确标识防腐剂的使用量，一定要按量使用。

（三）切忌多种防腐剂乱混合使用

不同防腐剂中成分不同，不要盲目将防腐剂混合使用，一定要做好功课后按一定的配比再去搭配使用。

对于防腐剂的认识误区

不要刻意追捧不含防腐剂的产品，消费者在市场中可以看到很多"不含防腐剂"的食品，其中有果汁饮料、茶饮料、罐头制品、调味品、蜜饯干果制品、方便面等，一般都在外包装上标注了"本产品不含任何防腐剂"等字眼。大多数消费者也认为标有"不含防腐剂"字样的食品更安全，要优先选购"不含防腐剂"的食品。

但是，统计数据显示，很多食品安全问题在一定程度上可以说是因为没有按规定添加防腐剂造成的。同时，据国家质量监督局有关人员介绍，按照国家标准来使用防腐剂是对安全的一种保证。对于列入《食品原料和添加剂目录》的防腐剂，只要按国家标准来添加使用，对身体是没有危害的，消费者不要过分迷信"不含防腐剂"。

（图：胡煦颖）

084

如何防止食物霉变、生虫？

什么是霉变、生虫？

霉变是一种常见的自然现象，多出现在食品中。食品中都含有一定的淀粉和蛋白质，而且或多或少地含有一些水分，霉菌和虫卵的生长发育需要一定的条件，在适合的条件达成后，霉菌就会吸收食物中的水分进而分解和食用食物中的养分，在食物的表面或者内部形成霉变。发霉、霉变是较为常见的食品问题。

生虫是食物表面或者内部被虫子产卵，达到一定的生长条件就会孵化，孵化出来的虫子会食用这些食物，这就是我们常说的食物生虫。

食品发生霉变的原因

（一）微生物的繁殖

食品出现霉变的根本原因是微生物（细菌、真菌、霉菌等的统称）的繁殖。众所周知，微生物在养分、水分及氧气充足的环境中生长，繁殖能力很强，而食品自身含有的脂肪、蛋白质等成分为微生物的繁殖提供了良好的营养条件。当处于氧气和水分适宜的环境中时，微生物就会在食品中大量繁殖，导致食品出现霉变现象。

（二）食品自身的原因

食品杀菌不彻底、需要干燥储藏的食品没有充分干燥、食品在潮湿的环境下易导致食品发霉、霉变等问题。质量不合格的外包装可能会使氧气或水蒸气进入成品包装内部，促进微生物繁殖，导致食品发霉、霉变等一系列问题。

食品发生生虫现象的原因

（一）虫卵附着在食品上或食品内部

食品出现虫子的原因根本上是因为虫卵附着在食品上或者在食品的内部产卵，食品才会在一定的条件下孵化出虫子。

（二）虫类伴随在食品上

谷物类的食品可能会附着一些米虫，这些米虫不会对人体有危害，可以食用，但不管食用什么类型的谷物类食品前，请一定要认真地清洗，保证煮熟后再吃。

（三）封装时未做好清洁工作

对于熟食、罐头等食品如果长虫，就代表着封装时就出现了问题，那就最好不要食用。

如何判断食物是否霉变？

一般可以从食物上的变化进行判断，比如颜色、质地和气味。

（一）颜色

颜色的变化是霉变食物外观形状上最重要、最直接的可以观察到的现象。

（二）质地

以较为常见的几类易霉变食物为例：霉变大米表面呈浅黄色、浅灰色或绿色等，其质地也变得松软，易于捏碎；馒头、饭菜保存数日后，其表面可能会长出灰白色、黄色或绿色的绒毛样霉菌。

（三）气味

许多发霉的食物均可以闻到一股霉味，如果观察到食物有这些改变，则证明食物发生了霉变，不可继续食用。

食物霉变、生虫后能吃吗？

（一）霉变后的食物

食品如果出现了霉变一定不能吃，食用霉变的食物可能会引发一系列不良反应，如恶心、呕吐、食欲减退、发烧、腹痛等。黄曲霉毒素污染过的食物进食后会在 2～3 周后出现肝脏肿大、肝区疼痛、黄疸、腹水、下肢浮肿及肝功能异常，会导致心脏扩大、肺水肿，甚至痉挛、昏迷等情况发生，严重的甚至死亡。

（二）生虫后的食物

生虫对于蔬果类、谷物类的食物来说基本上是不可避免的，对于蔬果类的食品来说一般的虫眼、长虫的部分是可以切除后再食用的，但是大面积的虫眼、肉眼可见的虫子、难闻的气味等出现那就不要食用了。

如何防止霉变的发生呢？

我们知道，潮湿、通风条件差的密闭环境会导致霉菌繁殖和毒素的产生。因此，防止霉变最重要的是注意通风、防潮，这是防霉工作的重中之重。水分含量较低时，霉菌较难生长，可以通过晒干、风干、烤干、烘干等方式来有效地减少食品中水分含量。将食品密封保存，是可以防止空气中的水分被食品吸收的好方法。用石灰等吸潮也可以减少食品所处环境的水分。

用高温消毒已经发生霉变的食物不可行。有人认为，已经明显发霉的食物通过高温煮沸后还能食用，这是非常错误的想法，因为一般烹饪根本不能破坏黄曲霉毒素等霉菌毒素，因此，明显发霉的食物绝对不能吃。特别值得一提的是，市面上出售的用塑料袋包装的米，如果保存的温度、湿度等满足食物霉变条件，同样会发霉，在使用之前仍应先仔细淘洗，再下锅做饭。

如何防虫呢？

（一）储存时可放入防虫料

在储存食物时可以放入防虫料，如在食物的储存柜中放入少量香辛料。常用如四川花椒，因为四川花椒味道浓烈，效果较好。通常用纱布将香辛料包起，放入器具中。

（二）做好通风、清理工作

定期给食物柜整体做好通风，做好清洁的工作可以有效达到食物柜防虫效果，如果有条件可以使用真空吸尘器清洁，能更有效地清除虫卵、幼虫。此外，食物在放入食物柜收纳之前，也要仔细清洁。

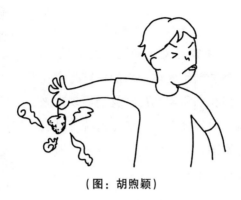

（图：胡煦颖）

085

劣质肉丸有哪些危害？

什么是劣质肉丸？

劣质肉丸就是无良商家将各种便宜肉类加入搅拌机打碎，再加入红色酱料搅拌后搓成的肉丸子。一些更无良的商家甚至可能会用鱼糜、鸡肉、猪肉混合大量淀粉和香精、增味剂来制作。劣质肉丸含肉量只有 8% ~ 10%，有的甚至没有肉。这些肉丸在重口味的酱料掩盖下根本尝不出来。假肉丸子大多非常便宜，曾有记者走访劣质肉丸工厂询问老板制作方法：“用香膏和淀粉混合就能达到效果，但最好加一些鸡胸脯肉，鸡胸脯肉最后一定要用刀背剁碎，这样味道更好。如果担心顾客起疑，可以在材料中加入一丁点相应的肉，就吃不出来了。”

舌尖上的安全

食用劣质肉丸有哪些危害？

多数人患上肝、肾等疾病的主要原因不单单只是因为不良的生活习惯，还与长期食用这种劣质肉丸有较大的关系。这些肉丸里有很多添加剂，过量摄入食品添加剂给人体带来的危害是潜在的，在短期内一般不会有很明显的症状，但长期积累其危害就会显现出来。如色素摄入过量，会造成人体毒素沉积，对神经系统、消化系统等都会造成伤害；超标使用甜味剂、膨化剂和防腐剂，对人体有较大危害。所以大家不能一直吃这些东西，偶尔吃一顿还行，不然会引起头晕、消化不良等症状，情况严重者甚至会导致休克。

如何辨认真肉丸和劣质假肉丸？

（一）看断面

含肉量高的丸子掰开之后能看到肉的纹理，而肉量低的丸子，掰开之后断面非常光滑，没有肉特有的纹理。

（二）看配料表

优质肉丸的配料表只有一到两种肉，没有添加剂，而劣质肉丸的配料表有三到四种甚至更多，还有多种添加剂。有些不良商家甚至连配料表也造假，这一点大家要注意。

（三）闻气味

质量好的肉丸经过冷冻后没有其他的异味，而劣质肉丸经过冷冻后有血腥味、尿臊味和鸡精味。

（四）看弹性

有些肉丸弹性很大也要额外注意了，很可能是加了硼砂来增加弹性，硼砂进入人体内排出比较缓慢，经常食用有可能会引起慢性蓄积中毒，其会抑制消化酶阻碍营养素的吸收，直接损害各重要器官，同时对于癫痫病患者还会有诱导癫痫发作的风险，影响人的健康。

（五）看口感

大家在家里肯定自己做过肉丸，自己做的肉丸吃起来粗糙易碎，非常好吃，而劣质肉丸不一样，劣质肉丸吃起来非常有韧性，不易嚼碎，甚至嚼到最后有种嚼塑料的感觉，说明这种肉丸质量较差。

正常肉丸的指标是什么？

肉丸泛指以切碎了的肉类为主而做成的球形食品，通常由薄皮包裹肉质馅料通过蒸煮烹制而成，通过薄皮包裹，能更好锁住营养和美味，让肉丸更加鲜嫩可口。2011 年出台的《中华人民共和国贸易行业标准·肉丸》将肉丸分为三类：特级：含肉量应大于 65%，淀粉的含量小于 6%。优级：含肉量大于 55%、淀粉含量小于 8%。普通：含肉量大于 45%、淀粉含量小于 10%。此外，肉丸中主料肉的占比要大于 10%。对于牛肉丸来说，只要牛肉含量超过 10%，肉量超过 45% 就可以称为合格的牛肉丸了。

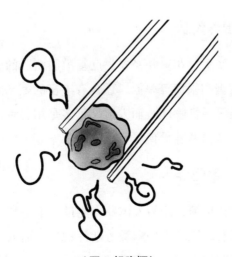

（图：胡煦颖）

086

如何鉴别人造蜂蜜与天然蜂蜜？

什么是人造蜂蜜？

人造蜂蜜是人工用工业设备生产出来的蜂蜜。人造蜂蜜会在生产过程中添加其他物质来充当蜂蜜，有的是用白糖加水和硫酸进行熬制，有的直接用饴糖、糖浆来冒充蜂蜜，有的利用粮食作物加工成糖浆，也叫果葡糖浆来充当蜂蜜。人造蜂蜜的目的是为了增加产量并减少成本。其原材料是葡萄糖、糖蜜、糖浆、面粉、玉米糖浆、淀粉和除花蜜之外的任何其他类似产品，以及各种食品添加剂如增稠剂、色素等。

人造蜂蜜与天然蜂蜜相比有哪些缺陷？

（一）毫无营养价值

天然蜂蜜是蜜蜂采集花蜜并经农户反复酿制而成的，真蜂蜜中不但富含容易吸收的葡萄糖和果糖等单糖，还含有丰富的氨基酸、维生素、有机酸、矿物质及酶类等活性物质。而人造蜂蜜多是用各种糖浆加食品添加剂勾兑成的，其毫无任何营养价值可言。

（二）极易导致肥胖

天然蜂蜜中富含单糖，能为人体补充能量且不易转化成脂肪，并且天然蜂蜜中还含有具有减肥效果的酶类等活性物质。而人造蜂蜜的主要成分则是蔗糖、饴糖和其他糖类，喝人造蜂蜜和大量吃白糖并没有什么区别，经常喝人造蜂蜜会导致肥胖。

（三）极易患糖尿病

长期大量地吃人造蜂蜜不仅会导致肥胖，严重的还会导致胰岛素异常分泌和体内糖类代谢紊乱，最终引发糖尿病等糖类代谢疾病。

（四）严重影响健康

由于人造蜂蜜含有大量的食品添加剂，这些食品添加剂中包含了大量的甜味剂、香精、色素和防腐剂，如果长期食用这些添加剂的话会为日后的身体健康埋下隐患，例如消化功能不好的消费者吃了人造蜂蜜可能会拉肚子，食用了含明矾的人造蜂蜜可能导致骨质疏松及贫血，含有增稠剂、甜味剂、香精及色素等化学品的人造蜂蜜对健康也是有百害而无一利。

怎样鉴别人造蜂蜜与天然蜂蜜？

人造蜂蜜对身体有着很大的危害，我们在挑选蜂蜜的时候要擦亮眼睛，仔细辨别。

（一）气味不同

天然蜂蜜具有花朵的香味，不同的蜜源有不同的味道。相较于混合蜜源，单花种花蜜气味更明显。而人造蜂蜜是用各种添加剂和糖浆人工合成的，没有天然蜂蜜特有的香气。

（二）味道不同

取少许样品放在舌尖上，细细品尝，可以区别出人造蜂蜜和天然蜂蜜差别。天然蜂蜜口感绵润细腻，略带麻辣的感觉，余味较长；人造蜂蜜口感与蜂蜜相似，但麻辣感比较不明显，余味短。

（三）理化鉴别

由于天然蜂蜜是由蜜蜂采集而成，故纯天然的蜂蜜中会带有大量的花

粉粒，在显微镜下，可以看清楚花粉粒的形状、大小，还可以通过花粉粒来判断蜂蜜的品种和纯度。而人造蜂蜜是不含任何花粉的，里面只会有少量的淀粉糊精，而纯天然蜂蜜里面含有的却是蜂蜜糊精。

（四）测羟甲基糠醛含量

蜂蜜或糖浆受热时间过长或温度过高，其中的葡萄糖会发生脱水反应生成羟甲基糠醛。新鲜蜂蜜中羟甲基糠醛含量很少，而人造蜂蜜在生产过程中需要经过加热升温处理，其羟甲基糠醛含量要比天然蜂蜜高，通过测定羟甲基糠醛含量，可鉴别人造蜂蜜和天然蜂蜜。

（五）测定淀粉酶值

纯天然蜂蜜中含有多种酶，其中主要的是蔗糖转化酶和淀粉酶，淀粉酶值是纯天然蜂蜜的一项重要指标。而人造蜂蜜中，也有可能残留了一些酶类，如促进葡萄糖异构化的白色链霉菌异构酶等，但人造蜂蜜中几乎没有淀粉酶值。所以，测定淀粉酶值可作为人造蜂蜜和天然蜂蜜的一个鉴别项目。

除了以上这些方法鉴别人造蜂蜜以外，还有一些专业的检测方法：薄层色谱法、稳定性碳同位素比率法、高效液相色谱法、气液色谱法。其中高效液相色谱法是我国目前检测人造蜂蜜掺假的首选方法。简而言之，人造蜂蜜对人体的危害很大，我们在挑选时一定不要贪小便宜，要对自己的身体负责。

（图：胡煦颖）

087

三聚氰胺奶粉有哪些危害？

什么是三聚氰胺、三聚氰胺奶粉？

三聚氰胺俗称密胺、"蛋白精"，是一种被用来作为化工原料的有机化合物，不可用于食品加工或作为食品添加物。三聚氰胺奶粉则是指掺入了含有三聚氰胺的奶粉。

为什么要在奶粉中掺入三聚氰胺？

在我国，测定奶粉质量好坏的一个重要标准就是含氮量。三聚氰胺作为一个制作便宜且含氮量非常多的有机化合物，无色无味，掺杂后不易被发现，所以就被某些不良商家拿去加入到小孩子吃的奶粉中，以提高奶粉的"质量"，从而牟取更高的利益。

三聚氰胺奶粉的危害有哪些？

三聚氰胺奶粉事件对我国乳制品行业造成了不可挽回的影响。三聚氰胺奶粉的具体危害有以下几点：

（一）对身体器官造成损伤

人类长期食用含有三聚氰胺的奶粉，会影响肾脏等内脏器官的功能，

对泌尿系统和生殖系统造成损伤，还会导致肾结石和膀胱结石等。

（二）影响婴儿的身体发育

三聚氰胺奶粉的营养含量较低，婴幼儿生长发育需要大量的营养物质，如果食用三聚氰胺奶粉，会影响婴幼儿的身体发育，造成营养不良，出现"大头娃娃"现象。

怎样辨别三聚氰胺奶粉？

（一）从奶粉的外包装上识别

奶粉品质好的肯定包装完整，严格并清晰地标有商标、生产厂名、产地、生产日期、批号、质量标准（QS）和国际标准化组织（ISO）认证等，如健康时光（HT）有机奶粉的罐上有欧盟和中国有机双认证的标识和唯一的追溯码。而劣质的奶粉即使包装完整，但是其他比如生产日期、批号、保存期限等信息可能标识不清晰或者有过涂改，这种奶粉千万不能买。

（二）听声音

由于包装材料的差别，罐装奶粉密封性能较好，氮气不易外泄，能有效遏制各种细菌生长。为了更清楚地了解奶粉保存状况，在选购的时候，可以将罐装奶粉轻轻摇动，如果听见声音清晰的"沙沙"声，并且感觉到奶粉随着节奏在上下左右摇动，就表明奶粉没有结块；反之，如果发出不清晰的较重响声，表明奶粉已经受潮结块了。

（三）观形态

不同品牌的奶粉，由于奶源与制作工艺的区别，奶粉颜色也不会完全一致。奶粉品质好的颗粒会比较均匀，粉质有光泽。而劣质奶粉由于掺有白砂糖、葡萄糖等成分，颗粒会呈现不均匀的状态，颜色较白，色泽不自然。

（四）看手感

对于罐装奶粉而言，可以通过摇动奶粉罐来进行观察，如果罐底有黏着，则表明奶粉中有了结块；品质好的奶粉通常颗粒均匀，摸起来手感会比较细腻，而劣质奶粉则会手感粗糙。

（五）看冲调

奶粉冲调后的形态，也是甄别奶粉真假与辨别奶粉品质好坏的一个重要标准。如果是掺假奶粉，即使是用冷开水冲调，不经搅拌奶粉也能自动溶解或发生沉淀现象。在用热开水冲调时，掺假奶粉会迅速溶解，没有天然乳汁的香味和颜色。真奶粉在用冷开水冲调的时候，必须经过搅拌才能溶解成乳白色浑浊液。用热开水冲时，真奶粉会形成悬浮物，搅拌之初会粘住调羹。

（图：胡煦颖）

088

皮革奶有哪些危害？

什么是皮革奶？

皮革经水解会生成一种粉末状的物质，这种物质中的氨基酸、明胶等蛋白含量较高，所以人们把它叫作"皮革水解蛋白粉"。皮革奶就是通过添加皮革水解蛋白来提高牛奶的蛋白质含量，其是一种类似三聚氰胺的物质。这种皮革水解蛋白中含有严重超标的重金属等有害物质，严重危害人体健康。

皮革奶对人体健康和社会带来的危害

（一）皮革水解蛋白含有重金属

严格来讲，未经糅制、染色等人工加工处理过的"皮革水解蛋白粉"对人体健康并无伤害，但这种"皮革水解蛋白粉"是不存在的。经过糅制、染色等人工加工处理过的皮革比直接用未经加工过的皮革制作成"皮革水解蛋白粉"利润要高得多，所以"皮革水解蛋白粉"多是用皮革厂制作服装、皮鞋后的下脚料来生产的。

这种"皮革水解蛋白粉"中混进了大量皮革糅制、染色过程中添加进来的重铬酸钾和重铬酸钠等有毒物质，这些物质是令皮革软化的化工原料，其中的"六价铬"是致癌物质，欧盟禁用。如果长期食用这种牛奶，铬、锰等重金属离子就会被人体吸收，会沉淀在人体的骨骼等部位，使人体的各个关节部位出现疏松肿大等症状，出现中毒现象。此外，长期食用将致癌，儿童饮用甚至可能造成死亡，一般仅用于动物饲料添加使用。

（二）皮革水解蛋白成三聚氰胺替代品

为了提高乳制品蛋白质含量，之前有不法企业和奶站违规添加三聚氰胺，在三聚氰胺成为严打的对象后，不法企业和奶站便又将目光锁定在"皮革水解蛋白"上。

如何辨别皮革奶？

皮革水解蛋白粉检测只需取 5 毫升乳样，加除蛋白试剂 5 毫升混合均匀、过滤，沿滤液试管壁慢慢加入饱和苦味酸溶液约 0.6 毫升，形成环状接触面。如果环状接触面清亮，就表明不含皮革水解蛋白；如果环状接触面呈现白色环状，说明乳样含皮革水解蛋白。专家表示，皮革水解蛋白与三聚氰胺一样是添加剂，但是其检测难度比三聚氰胺更大，因为它本来就是一种蛋白质。目前检测方法主要是检查牛奶中是否含有"羟脯氨酸"，这是动物胶原蛋白中的特有成分，在乳酪蛋白中则没有，所以一旦验出，则可认为含有皮革水解蛋白。

"皮革奶"现象在乳品行业中确实存在，但属于极少数中小企业的行为。自从 2005 年媒体首次报出"皮革奶"事件后，乳品行业进行了大力整顿，如今这种现象越来越少，除了 2009 年在浙江发现的一例外，并没听说类似事件再出现。"皮革奶"大多出现在没有奶源或奶源质量较差的地方，比如南方非重点奶产品生产区，因对企业的监管不够重视，导致不法分子钻了空子。而北方产奶优势区，几乎不会出现这一问题，一是奶源好，二是监测比较全面。虽然消费者没办法自行辨别什么是"皮革奶"，但也完全没必要过于恐慌，只要购买名牌、有信誉牛奶企业的产品就行了。

为了健康，我们应掌握一些食品安全知识及食品安全知识，这样更有利于我们的生活。

（图：孟子一）

089

如何制作健康的辣条？

什么是辣条？

辣条，又被叫做辛辣食品，是以小麦、豆类、谷物等农作物为主要原料制作的一种食品，发源于湖南平江，在湖南地区普遍被称为"麻辣"。一提到麻辣，可能大家的第一反应就是垃圾食品，其实不然，只要制作过程中按国家标准添加添加剂，就不会对身体健康产生影响。之前辣条的制作标准各个地方之间差异明显，甚至存在"打架"的现象。如今，辣条国标已经出台，这对未来辣条行业的发展具有指导性和强制性的作用，许多不达标的企业会被淘汰，辣条的生产会实现规范化，人们终于也能够吃上健康的辣条了。

不干净的辣条有什么危害?

辣条被网友们当做童年回忆的象征。的确，在小学周边的小卖部里都会有辣条的身影，价格通常在五毛左右，被叫"五毛食品"。这些辣条绝大部分是由小作坊生产出来的，一些小作坊为了降低生产成本，会添加苏丹红代替辣椒粉给辣条上色。苏丹红是一种化学染色剂，价格低廉，具有致癌性，长久食用会对人体的内脏器官造成极大的损害。此外，小作坊的生产环境通常是脏乱差，极易滋生细菌，吃下这样的辣条会对孩子们的肠胃造成刺激，容易导致头晕、上吐下泻等。再者，辣条属于辛辣食品，长期食用辣条会导致胃肠道黏膜发炎，严重时可能会出现胃出血等症状。对于注重外表的广大年轻群体而言，辣条的辛辣和油腻会给皮肤带来负担，容易造成水油失衡，出现皮肤暗沉、痤疮等情况，进而引起容貌焦虑的问题。

怎样吃上健康的辣条?

(一) 自己在家制作

自己做虽然成本相对较高，但好在用料安全，生产过程卫生，自己吃起来也放心。辣条的制作过程并不复杂，需要用到的材料（如面粉、米饭、辣椒面、五香粉等）也容易购得，过程中也不需要用到什么复杂的工具，整个制作在厨房就能完成。在各大平台上（如百度、微博、小红书、抖音等）都能搜索到教程（文字版或视频都有），不妨动手来试一试!

(二) 学会正确挑选

若嫌麻烦不想动手制作，那就学会挑选合格的辣条。主要可以从以下几个方面开始：

1. 看包装

看包装是否存在泄气、破损等问题，看外包装上是否标有生产日期、保质期、生产厂家、生产地址、成分表、厂家联系方式、食品生产许可证编号（SC 标识）等信息。

2. 认准知名品牌

目前市面上知名的辣条品牌有卫龙、麻辣王子、三只松鼠、飞旺、翻天娃等，这些品牌都有自己的生产厂家，有着娴熟的工艺和严格的标准，相比那些"无名氏"更让人放心。另外，要是吃出了问题也更方便追责。

3. 从正规渠道购买

最好去大超市、专卖店等能够提供购物凭证的地方购买，确保买到正品，网上购买认准旗舰店或专卖店。

（三）不可过量食用

就算已经确保了食品安全，辣条仍是重油重辣的食物，平时饮食清淡的人一下子吃太多，会感到胃里有股灼烧感，让人很不舒服，所以日常生活中还是要少吃、偶尔吃。为了控制水油平衡，吃完辣条还要注意多喝水补充水分，多吃蔬菜瓜果促进胃消化，不可贪一时口舌之快。

（图：孟子一）

090

吃速生鸡会带来哪些危害？

什么是速生鸡？

"速生鸡"，实际就是白羽快大型肉鸡。因其是目前世界上生长速度最快的鸡种，所以被媒体冠名为"速生鸡"，也是养殖户所说的"快大鸡"，于 20 世纪 80 年代从国外引进中国，有些不法养殖户在养殖的短短 11 天中，就将多达 11 种药物喂给肉鸡。而喂食药物的原因是肉鸡被放在狭小的空间高密度地喂养，并且在 45 天的喂养周期中甚至不会清理养殖场，只有通过不断地喂药才能提高鸡的抗病能力，只要 45 天内，鸡不发病，就能顺利地被拉走屠宰，并且流入市场被人食用。

速生鸡的危害

为了提高肉鸡生长速度和饲料报酬，养鸡生产中大量使用抗生素和化学合成药物，这不仅导致了鸡肉风味和品质的下降，更严重危害了人类健康，长期大量饲用抗生素、激素，虽然带来了经济效益，但存在种种弊端：造成鸡免疫力下降，导致细菌耐药性增强和药物残留，并通过食物链影响人类健康和破坏生态平衡，造成不良后果。

经常食用含有抗生素的食品，即使是微量的，也能使人出现荨麻疹等过敏性疾病，对其中某些菌株产生耐药性，从而带来预防与治疗某些人畜疾病的困难，特别是氯霉素极易损害人类骨髓的造血功能，并由此导致再

生障碍性贫血的发生。

而激素的作用更强，在对小孩的危害方面：鸡摄入激素，激素会残留在鸡体内并产生许多副产物，儿童吃了速生鸡，除了会扰乱人体激素正常分泌以外，有的激素还会使细胞生长过快，提前衰老。长期食用容易致体质差，小孩早熟，影响发育。在对孕妇的危害方面，孕妇产后面临两大任务，一是身体恢复，二是哺乳。对于月子里的孕妇而言，鸡汤是上好的营养品，若食用速生鸡，不仅影响孕妇身体恢复，而且会造成幼儿发育异常。人类长期食用含有激素的食品，即使含量甚微，亦会明显影响机体的激素平衡，而且有致癌危险。

另外，"速成"即长得快，长得快往往发病概率就更高，因此在使用药物方面就更多，循环往复，陷入抗生素和激素的泥淖。抗生素类有耐药性，并且交叉耐药，人们只能用更新一代的抗生素，而金刚烷胺、金刚乙胺（由于其抗病毒效果较好还用于流感的治疗，曾经很受欢迎）等国家禁用产品会造成药物残留，损伤人的生殖系统，并造成不可恢复性损伤，这就是造成当前青年男女不孕不育的原因之一。

如何辨别速生鸡与其他鸡的区别

首先，看外形：土鸡外形一般小巧玲珑，不像速成鸡那样身形粗壮，且土鸡外观清秀，身躯更瘦长，肉很结实，胸部和腿部的肌肉十分健壮。其次，看鸡冠：速成鸡的鸡冠气血不佳，颜色很淡，而土鸡鸡冠则明亮鲜艳，健康精神。再次，看鸡嘴：速成鸡呆如木鸡，没什么斗志，就算你把手放到速成鸡的周围，也不会啄人；土鸡则反之，其嘴部尖锐且磨出光泽，斗志昂扬，会啄人。最后，口味上：土鸡皮很软薄，入口即化，而速成鸡的皮就较为粗糙，口感欠佳。

（图：孟子一）

091

腌制食品能放心吃吗？

什么是腌制食品？

让食盐大量渗入食品组织内进而达到延长食品保质期的目的，经过这种方法加工的食品被称为腌制食品。过去，由于缺乏冷藏保鲜技术，食盐、料酒及其他辅料被用于食品保鲜领域，经过长期的风干和微生物作用，形成了被大众所接受的腌制食品，而腌制这一技法也流传至今。常见的腌制食品包括：腌菜（酱菜）、腌肉（咸猪肉、咸牛肉、咸鱼、风肉、腊肉、板鸭）、腌禽蛋（咸鸡蛋、咸鸭蛋、咸鹅蛋和皮蛋）。

腌制食品的优点与缺点分别有哪些？

（一）腌制食品的优点

（1）储藏时间长，不易变质。这是腌制食品最大的优点。冬季一些寒冷的地方无法种植蔬菜，满足不了人们对食物的需求，腌制食品的出现无疑是对这个问题最好的解决方法。韩国与朝鲜的泡菜就是一个很好的例子。

（2）味道多样，可搭配食材种类丰富。例如酸菜是最常见的腌制食品，它可以搭配猪肉、鹅肉、鱼等多种食材，味道鲜美，受人喜爱。此外，将用盐风干的火腿搭配蔬菜炖汤也别有一番风味。

（3）腌制食物中可能会含有一些益生菌群，所以适当食用对于提高身体免疫力具有帮助作用。

（二）腌制食品的缺点

（1）肝脏、肾脏负担加重。腌制食品需要大量的盐类物质进行制作，钠盐含量高，食用过多对肝脏、肾脏的负担就会加重，不利于人体健康。

（2）影响黏膜系统，易引发肠胃溃疡。腌制食品中食盐含量过高，对于肠胃功能不好的人来说，还会引发肠胃等器官病变。

（3）易引发结石。腌制食品中含有大量的草酸钙，食用后草酸钙不易从人体中排除，易形成结石。

（4）亚硝酸盐能与腌制品中蛋白质分解产物胺类发生反应，形成亚硝胺，亚硝胺是一种强致癌物，腌制食品中亚硝酸盐也是主要的潜在危害。一般人体摄入 0.3~0.5 克的亚硝酸盐可引起中毒，超过 3 克就能致死。

腌制食品行业目前存在的问题及解决
腌制食品安全问题的方法

中国调味品协会统计数据显示，我国酱腌菜总产量突破了 300 万吨，成为食品行业新的经济增长点。从中国调味品协会百强企业的统计数据中也不难发现，酱腌菜产品的年销售量逐年增长。总体来说，我国腌制食品行业正朝着光明的前景前进，未来可期。然而，我们在乐观面对该行业的同时也应正视当前腌制食品的一些隐患：因为缺乏经验和技术亚硝酸盐超标无法测出；为了维持食品观感添加明矾；违规排放高浓度盐水导致土地盐碱化；使用国家明令禁止的防腐剂……诸如此类现象层出不穷。因此以下建议值得腌制食品的生产经营者考虑：

（1）通过添加天然物质，从而阻断亚硝胺的合成，如蒜汁、姜汁、芦荟汁等。

（2）采用应季食材，保证食品质量，杜绝明矾的使用。

（3）合理有序排污并建立污水处理体系，实现全绿色产业链。

（4）严格遵守法律法规，做诚信企业。

（5）采用现代科技改进传统腌制技艺，去其糟粕。

即使腌制食品生产经营者能够保质保量地产出相关产品，也并不意味着我们能够毫无顾忌地食用腌制食品。作为消费者，我们应当做到以下几点：

（1）控制腌制食品食用量，避免暴饮暴食。

（2）烹饪食物务必熟透，隔夜剩菜不可再吃。

（3）拒绝贪便宜购买"三无食品"。

相信在全社会的共同努力下，腌制食品将成为老百姓都能吃的"放心菜"。

（图：孟子一）

092

如何合理补充维生素？

什么是维生素？

维生素又名维他命，通俗来讲，即维持生命的物质，是维持人体生命活动必需的一类有机物质，是人体代谢中必不可少的有机化合物，也是保持人体健康的重要活性物质。维生素在体内的含量很少，但不可或缺。人体犹如一座极为复杂的化工厂，不断地进行着各种生化反应，而其反应与酶的催化作用有密切关系。酶要产生活性，必须有辅酶参加。已知许多维生素是酶的辅酶或者是辅酶的组成分子。因此，维生素是维持和调节机体正常代谢的重要物质。可以认为，最好的维生素是以"生物活性物质"的形式，存在于人体组织中。

各种维生素的化学结构以及性质虽然不同，但它们却有着以下共同点：

（1）维生素均以维生素原（维生素前体）的形式存在于食物中；

（2）维生素不是构成机体组织和细胞的组成成分，它也不会产生能量，它的作用主要是参与机体代谢的调节；

（3）大多数的维生素机体不能合成或合成量不足，不能满足机体的需要，必须经常通过食物获得；

（4）人体对维生素的需要量很小，日常需要量常以毫克或微克计算，但一旦缺乏就会引发相应的维生素缺乏症，对人体健康造成损害。

维生素与碳水化合物、脂肪和蛋白质三大物质不同，在天然食物中仅占极少比例，但又为人体所必需。维生素是人和动物维持营养、生长所必需的某些少量有机化合物，对机体的新陈代谢、生长、发育、健康有极重要作用。如果长期缺乏某种维生素，就会引起生理机能障碍而引发某种疾病。现阶段发现的维生素有几十种，如维生素 A、维生素 B、维生素 C 等，一般由食物中取得。但有些维生素可由自身合成，如 B6.K 等能由动物肠道内的细菌合成，合成量可满足动物的需要；动物细胞可将色氨酸转变成烟酸（一种 B 族维生素），但生成量不能满足需要；维生素 C 除灵长类及豚鼠以外，其他动物都可以自身合成；植物和多数微生物都能自己合成维生素，不必由体外供给。

各类维生素都有什么作用？

下面我们介绍各类维生素的作用和缺乏相应维生素易引发的疾病。

（1）常见的像维生素 A，亦称美容维生素，脂溶性。并不是单一的化合物，而是一系列视黄醇的衍生物（视黄醇亦被译作维生素 A 醇、松香油），别称抗干眼病维生素，缺少维生素 A 容易引发夜盲症、角膜干燥症、皮肤干燥、脱屑等。

（2）维生素 B1，硫胺素，又称抗脚气病因子、抗神经炎因子等，水溶性。在生物体内通常以硫胺焦磷酸盐（TPP）的形式存在。缺少维生素 B1 会引发食欲不振、消化不良，甚至会得脚气病、神经炎，造成生长迟缓等。

（3）维生素 B2，核黄素，也被称为维生素 G，水溶性。缺少维生素 B2 容易导致口腔溃疡、皮炎、口角炎、舌炎、唇裂症、角膜炎等。

（4）维生素 C，抗坏血酸，水溶性。缺少维生素 C 容易得坏血病，甚至导致抵抗力下降等。

（5）维生素 D，钙化醇，亦称为骨化醇、抗佝偻病维生素，脂溶性。主要有维生素 D2 即麦角钙化醇和维生素 D3 即胆钙化醇。这是唯一一种人体可以少量合成的维生素。缺少维生素 D，儿童容易得佝偻病，而成人容易患骨质疏松症等。

（6）维生素 E，生育酚，脂溶性。主要有 α、β、γ、δ 四种。而缺少维生素 E 会导致不育、流产、肌肉性萎缩等。

（7）维生素 K，萘醌类，又被称为凝血维生素，脂溶性。是一系列萘醌的衍生物的统称，主要有来自植物的维生素 K1、来自动物的维生素 K2以及人工合成的维生素 K3 和维生素 K4。维生素 K 参与机体的凝血机制，当维生素 K 缺乏时可能发生凝血障碍，表现为出血，像皮肤黏膜出血、口腔黏膜出血、鼻衄、大便带血、尿血；引发脂类吸收障碍的疾病，像胰腺疾病、胆管疾病、小肠黏膜萎缩。

如何合理地补充相应维生素？

从上面我们可以看出，缺少相应的维生素对人体的伤害的确不小，而食物是我们补充维生素的重要来源之一，所以我们要利用食物合理地补充相应的维生素。俗话说"民以食为天"，吃饭并不仅仅是为了解决温饱问题，更是为了营养搭配和健康，尤其是维生素这种主要靠外界汲取的有机物质，我们更应该合理饮食搭配，正确补充维生素。

我们举例说明常见的维生素和其对应的食品，富含维生素 A 的食品有牛奶、鸡蛋、鱼油、胡萝卜、蔬菜叶、油菜、辣椒、番茄和柑橘等；富含维生素 E 的食品有芝麻、大豆、花生、核桃、瓜子、瘦肉、动物肝脏、蛋类、奶油、乳类等，此外还有莴苣、玉米、黄绿色蔬菜；富含维生素 K 的食品有新鲜蔬菜；富含维生素 D 的食品有鱼油、鸡蛋等；富含维生素 B1 的食品有带荚的果实、谷类、豆类、坚果类、肉类、酵母、瘦猪肉及动物内脏；富含维生素 B2 的食品有肉类、猪肉、猪肝、羊肾、鸡肝、牛奶、鸡蛋、小麦粉、油菜、大米、黄瓜等。像这些比较常见的食品，平时也不用特意去挑选、搭配，只要均衡饮食，不暴饮暴食，注重荤素搭配，多吃绿色食品、蔬菜水果，少吃快餐外卖。

当然，维生素的补充也有需要注意的地方，否则容易适得其反。有些维生素如果在空腹时服用，会在人体还来不及吸收利用之前即从粪便中排出。如维生素 A 等脂溶性维生素，溶于脂肪中才能被胃肠黏膜吸收，应在饭后食用，才能够较完全地被人体吸收。

有些维生素的补充是有一定禁忌的：

（1）服用维生素 A 时需忌酒。维生素 A 的主要功能是将视黄醇转化为视黄醛，而乙醇在代谢过程中会抑制视黄醛的生成，严重影响视循环和男性精子的生成功能。

（2）服用维生素 A、D 时忌粥。粥又称米汤，含脂肪氧化酶，能溶解和破坏脂溶性维生素，导致维生素 A 和维生素 D 流失。

（3）服用维生素 B1 时应忌食鱼类和蛤蜊。鱼类和蛤蜊中含有一种能破坏维生素 B1 的硫胺类物质。

（4）服用维生素 B2 时应忌食高脂肪食物和高纤维类食物。因为高纤维类食物可增加肠蠕动，并加快肠内容物通过的速度，从而降低维生素 B2 的吸收率；高脂肪膳食会提高维生素 B2 的需要量，从而加重维生素 B2 的缺乏。

（5）服用维生素 B6 时应忌食含硼食物。食物中的硼元素与人体内的消化液相遇后，若再与维生素 B6 结合，就会形成络合物，从而影响维生素 B6 的吸收和利用。一般含硼丰富的食物有黄瓜、胡萝卜、茄子等。

（图：孟子一）

093

使用食品营养强化剂
有哪些注意事项？

食品营养强化剂的概念

食品营养强化剂是指为增强营养成分而加入食品中天然的或者人工合成的属于天然营养素范围的食品添加剂。传统的食品并非营养非常全面，同时食品中的营养素会在加工、烹调等处理过程中有所损失，因此往往需要在食品中添加营养强化剂以提高营养价值。所谓营养强化剂，是以增强和补充食品的营养为目的而使用的添加剂。其主要有氨基酸类、维生素类及矿物质和微量元素类等。

食品营养强化剂的用处

食品营养强化最初是作为一种公众健康问题的解决方案而提出的。食品强化总的目的是保证人们在各生长发育阶段及各种劳动条件下获得全面的合理的营养，满足人体生理、生活和劳动的正常需要，以维持和提高人类的健康水平。

（一）弥补营养素的损失，维持食品的天然营养特性

食品在加工、贮藏和运输中往往会损失某些营养素。同一种原料，因加工方法不同，其营养素的损失也不同。在实际生产中，应该尽量减少食品在加工过程中的损耗。

（二）简化膳食处理，获取营养方便

由于天然的单一食物仅能供应人体所需的某些营养素，人们为了获得全面的营养需要，就要同时食用好多种类的食物，食谱比较广泛，膳食处理也就比较复杂。采用食品强化就可以克服这些复杂的膳食处理。

（三）适应特殊职业的需要

军队以及从事矿井、高温、低温作业及某些易造成职业病的工种，由于劳动条件特殊，均需要高能量、高营养的特殊食品，因而这类适应特殊职业需要的特殊食品极为重要，已逐渐地被广泛应用。

食品营养强化剂的使用注意事项

强化用的营养素应是：

（1）人们膳食中或大众食品中含量低于需要量的营养素；

（2）易被机体吸收利用；

（3）在食品加工、储存等过程中不易分解破坏，且不影响食品的色、香、味等感官性状；

（4）只要强化剂量适当，不致破坏机体营养平衡，更不致因摄食过量引起中毒；

（5）卫生安全，质量合格，经济合理。

有些强化剂不稳定，如维生素 C 及氨基酸等遇光、热易被氧化，有效成分被破坏；而有些强化剂会与食品中的其他成分发生反应，导致强化剂的损失。因此应选择合适的添加方法和强化载体，采取合理的强化措施以保证强化的有效性和稳定性。一般可采用以下几种方法：强化剂的改性；添加各种稳定剂；加强食品的食用指导。

食品营养强化剂在国内发展现状

　　随着保健意识的提高，现在越来越多的人认识到，以粮食为主的膳食是一种良好的膳食结构。与动物性食物为主食的西方膳食相比，粮食为主的饮食可以减少肥胖、高血压、心脏病、糖尿病、癌症等疾病的发生。但是，粮食本身也存在着某些营养缺陷，在主食中进行营养强化很有必要。谷类食物中虽然含有人体所需的各种营养成分，但这些营养成分并不完全符合人体营养的需要，特别是粮食的蛋白质含量不足，缺少赖氨酸、苏氨酸及色氨酸等人体所必需的氨基酸。加工精度过高，烹调过度会丢失可观的微量营养素。就目前而言，食品的营养强化对食品添加剂工业提出了一些新的课题，比如大米的强化就比面粉的强化困难得多。目前强化大米的方式主要有喷涂法和制造营养米粒法。采用喷涂法强化会对大米外观有影响，因为有的营养素如维生素 B2 等颜色较深。面粉、玉米粉一类的粉类主食覆盖人群广、价格低廉、安全可靠，所以，面粉是向人类提供微量营养素的适宜载体，现在国家已制定出面粉营养强化标准。

（图：孟子一）

094

如何保障反季节食品的安全性？

什么是反季节食品？

所谓反季节食品，主要是通过大棚设施等改变作物生长环境，从而让植物的成熟季节提前，使用这种技术栽培成功、供应市场的食品就叫作反季节食品。

如何保障反季节食品的安全性？

在水果的长途运输中，部分水果要用到催熟技术。因为成熟的水果如果进行长途运输的话，往往未到目的地就腐烂变质了，所以一般的做法是将果实提前采摘，运送到目的地后再进行催熟，然后上市销售。这种技术所运用的"催熟剂"只要使用方法得当、剂量合格就能保障食品的安全性，并不会给人体带来多大的危害。但是我们不排除由于技术操作不当而导致的剂量过大的问题，所以需按要求严格操作，规范使用相关化学试剂。

此外还有一个问题值得我们考虑，反季节蔬果在塑料大棚里种植的过程中，一方面提高了温室环境的温度和湿度，另一方面也打乱了害虫的休眠规律，病菌和微生物也因此活跃起来。由于温室大棚内温度、湿度较高，且常年不通风，导致病虫滋生严重，此时只能借助农药来控制问题的进一步恶化。配制农药时，如果农药配制过浓，易造成作物药害及病虫害产生耐药性，且易造成环境污染及人畜中毒等不良后果；如配制比例过低，

则达不到防治效果。农户应严格遵守农药使用说明或由农技人员指导配制农药，并在施用过程中恰到好处地把握农药用量，以保障食品的安全性。

发展反季节食品的利与弊分别有什么？

（一）利

第一，反季节果蔬对平衡膳食营养起到积极作用。反季节培育技术使得各种作物都可能在市场上进行售卖，增加了消费者所购买食品品种的多样性，方便顾客按膳食需求挑选食品。因此农户可按市场需求适量种植和培育相关的反季节作物。

第二，充分应用先进的设施和立体气候条件生产反季节蔬菜有着广阔的市场前景。如果按照国家质量标准栽培的反季节蔬果在技术上能够得到保证，其品质和正常季节产的水果并没有多大区别。

第三，反季种植技术让大量北方菜农受益，在严冬腊月时依然能出售新鲜的蔬果，完善了北方蔬果的种植周期，使菜农们一年四季都能获益。反季节蔬菜价格高、销路好，大力发展反季节蔬菜也是增加农民收入的有效途径。

（二）弊

第一，种植反季节蔬果十分考验农户们的相关技术，要注意的细节也很多，步骤有时候也十分烦琐，需要农户花费大量时间和精力去培育和观测作物生长情况。为了培育优质的反季节食品，农户可以参考以下主要工作：（1）适当增加施肥量，满足作物的正常生长需求；（2）注意做好护根工作；（3）严格按要求使用相关生长激素和农药；（4）选择合适的灌溉方式；（5）做好基础的温控工作。具体步骤可去咨询相关专家和农技人员，要想培育出优质的反季节食品是需要耐心和责任心的。

第二，在这个信息流通十分迅速的时代，某些不良营销号为了吸引眼球传播反季节食品的错误知识，让一些人民群众对于反季节食品仍存在很深的误解。因此农户在保障所生产的反季节食品的安全性前提下，可以考虑将生产过程的一些细节透明化，让广大人民群众放心。并且应主动对反季节食品进行科普，让人民群众意识到，反季节蔬菜的安全性，在于其种植（包括使用化肥、农药、激素）、运输、储藏等过程中，严格遵守了国家农产品生产的相关规定，而不是给反季节食品贴上"违背天理"的标签。

（图：孙子棨）

095

辐照食品安全吗？

什么是辐照食品？

辐照食品指的是利用辐照加工帮助保存食物，辐照能杀死食品中的昆虫以及它们的卵及幼虫，还能杀死细菌、酵菌、酵母菌等能导致水果、蔬

菜这些新鲜食物腐烂变质的微生物。辐照食品能长期保持原味，更能保持其原有口感。经过 40 多年的研究，现在约有 36 个国家的大约 50 多种辐照食物得到承认。正如世界卫生组织所作出的结论：辐照食品就像用巴斯德杀菌法消毒的食物一样安全，而且有益健康。

辐照食品的优点有哪些？

大量实验证明，辐射后的食品可供安全食用，不会引起营养和微生物方面的问题。

辐照杀菌的最大优点是能彻底消灭微生物，防止病虫危害。射线穿透力强，可在不打开包装的情况下进行消毒。此外，辐照杀菌还能延长食品和农产品的保存时间，如辐照后的粮食 3 年内不会生虫、霉变；土豆和洋葱经过辐照后能延长保存期 6 ~ 12 个月；肉禽类食品经辐照处理，可全部消灭霉菌、大肠杆菌等病菌。

辐照处理食物，就像烹饪、罐装或冷冻处理一样，只会引起食物分子微小的变化。且这种变化是无害的。辐照加工是一种"冷处理"，它不会显著地提高被处理食物的温度，从而使食物保持新鲜。而且它不会像化学处理一样留下有害的残留物。另外处理之后的辐照食物能立即被运输、储备，或者立即进食。辐照过的食品绝对不会带上放射性，也不会对身体有害，而且不会改变食物本身的味道，反而会更有口感。

辐照食品也有缺点，经过辐照的食品除了细菌被杀掉，食品本身的营养，如维生素 A，维生素 B2、维生素 B3、维生素 B6、维生素 B12 和维生素 C、维生素 E，都会有所流失，而蛋白质、非饱和脂肪、益生菌和酵素也会被破坏。

辐照食品安全吗？

提起核辐射，人们就会联想到 20 世纪 80 年代著名的切尔诺贝利核电站灾难，还有 21 世纪初最严重的福岛核泄漏事故。

　　严重的核污染带给人类和大自然无数负面影响，其阴影至今仍未消散，以至于人们谈"辐"色变。但是辐照并非辐射，辐照是利用辐照加工帮助保存食物，经过辐照处理后的食物对人体没有任何副作用。

　　科技是把双刃剑，在核能的应用方面体现得淋漓尽致，这也是直到今天人类还在努力建设核电站和其他设施的主要原因。核能一方面可以为人类提供大量能源，另一方面还具有无限的发展潜力，并且已经影响到了我们生活的方方面面。

　　可能正因为辐照食品的特殊性，中国对辐照食品一直有严格的规定。早在1986年，中国就出台了《辐照食品卫生管理规定（暂行）》，并陆续发布了粮食、蔬菜、水果、肉及肉制品、干果、调味品等6大类允许辐照食品名录及剂量标准。1996年4月5日又颁布了《辐照食品卫生管理办法》，规定辐照食品必须严格控制在国家允许的范围和限定的剂量标准内，如超出允许范围须事先提出申请，批准后方可进行生产。其中第十九条规定，辐照食品在包装上必须贴有卫生部统一制作的辐照食品标识。

　　强制性国家标准《预包装食品标签通则》中也明确要求，经电离辐射线或电离能量处理过的食品，应在食品名称附近标明"辐照食品"。《辐照香辛料类卫生标准》中也列明，辐照香辛料的包装上应注明"辐照香辛料"字样，最小包装上要统一粘贴辐照食品标志。既然法规已经明确可以对食品采用辐照处理，而且做出了要求明确标识的规定，说明目前国内外对于辐照食品都是认可的，暂时也没有出现因食用辐照食品导致人体健康出问题的个案。

　　经过科学家们多年研究，证明经辐射处理过的食品对人体无害。首先，用x射线、α射线、β射线对食物进行处理时，剂量是严格控制的，经处理后的食物不带放射性物质。其次，经这种方法处理过的食物也不会增加其他有毒物质。再说，辐射处理不会损伤食品原来的营养成分。所以，凡用辐射方法保鲜的食品，我们完全可以放心大胆地吃。

（图：孙子榮）

096

如何预防食品中的生物性污染？

什么是食品中的生物性污染？

食品污染是指在各种条件下，导致有毒有害物质进入到食物中，造成食品安全性、营养性或感官性状发生改变的现象。食品的生物性污染包括微生物污染、寄生虫污染、昆虫污染等。

（一）微生物污染

微生物污染包括细菌及细菌毒素、真菌及真菌毒素和病毒。其中细菌及其毒素污染最常见，致病菌可引起急性中毒；非致病菌一般不会引起疾病，但常常是导致食品腐败的主要原因，所以也称其为腐败菌。

（二）寄生虫污染

主要是那些能引起人兽共患寄生虫病的病原体，对动物性食品造成的污染。

（三）昆虫污染

昆虫污染是食品中含有昆虫在适宜的温度及湿度的条件下通过繁殖产生的昆虫卵，从而污染食物。

为什么要预防食品中的生物性污染？

据世界卫生组织估计，全世界每年数以亿计的食源性疾病患者中，70%是由于各种致病性微生物污染的食品和饮用水引起的。2000～2002年，中国疾病预防控制中心营养与食品安全所对全国部分省份的生肉、熟肉、乳和乳制品、水产品、蔬菜中的致病菌污染状况的监测结果表明，微生物性食物中毒仍居首位，占39.62%；化学性食物中毒占38.56%；动植物性和原因不明的食物中毒均占10%左右。

污染的食品如果带有大量的病菌（或细菌毒素）和有毒化学物质，一次大量进入人体时，可引起食物中毒。被污染的食品如果带有某些致病菌（如伤寒杆菌、痢疾杆菌等）或寄生虫卵时，被摄入人体后，可引起食源性疾病的传播流行。

如果一次大量摄入被霉菌及其毒素污染的食品，会造成食物中毒；长期摄入少量受污染食品也会引起慢性中毒或癌症。有些霉菌毒素还能通过动物或人体的乳汁损害饮奶者的健康。长期摄入微量黄曲霉毒素污染的粮食，能引起肝细胞变性、坏死、脂肪浸润和胆管上皮细胞增生，甚至发生癌变。

粮食和各种食品的储存条件不良，容易滋生各种仓储害虫。例如，粮食中的甲虫类、蛾类和螨类，鱼、肉、酱或咸菜中的蝇蛆以及咸鱼中的干酪蝇幼虫等。枣、栗、饼干和点心等含糖较多的食品特别容易受到虫害的侵害。昆虫污染可使大量食品遭到破坏，从而影响食品的品质和营养价值。

如何预防食品中的生物性污染？

（1）搞好厨房卫生，要经常打扫干净，夏季应有防蝇设备，积极消灭老鼠、苍蝇、蟑螂等。

（2）不用生粪对蔬菜施肥。蔬菜食用前必须用清水洗净，最好熟食。夏季吃生冷蔬菜及瓜果时均应洗净，最好用开水烫过。剩余的隔餐饭菜，特别是肉类，食前应重新加热。

（3）清除污染源，控制细菌在食品中的增殖条件并进行合理的杀菌消毒，规定食品中细菌数量限制标准。加强兽医卫生监测，如严格执行屠宰牲畜的宰前宰后检验规程，对肉类严格按肉检规程处理，严禁销售未经兽医检验的肉品及病死畜禽肉。屠宰场、奶场、禽类养殖场，以及肉、奶、蛋的加工、销售单位必须符合食品卫生法及有关食品卫生法规条例的要求，方可生产经营。驱绦灭囊，避免将人粪为动物、鱼类所食。有机肥腐熟后才能作蔬菜肥料。

（4）预防作物的真菌病害。粮油和发酵食品企业在仓储、加工、运输中要减少真菌污染。

（5）对产品进行检验并对照国家食品卫生标准进行处理；保持环境适宜的温湿度，防止食品霉变产生毒性。

（6）对轻微污染的食品可以进行恰当的去毒处理。

（7）对于食品相关工作人员，必须身体健康，经常搞好个人卫生，在工作中大小便后要洗手。伤寒、痢疾、传染性肝炎等疾病的患者或带菌者，应调离或治愈后再从事食品相关工作。

（8）根据微生物及昆虫的生存条件适当改变食品的加工、储存和运输方式。

（9）食品应该定期测验是否具备食用条件，对于不具备食用条件的食品进行处理，同时做好自身的消毒工作，避免成为病源。

（图：孙子桀）

097

如何预防食源性疾病?

什么是食源性疾病?

食源性疾病一般指摄入食物时由伴随食物一同进入人体的各种致病因子引起，通常具有感染性或中毒性的一类疾病，简单来说就是指通过食物传播的方式致使病原物质进入人体并引发的中毒或感染性疾病。但并不包括一些与饮食有关的慢性病、代谢病，例如糖尿病、高血压等，虽然在国际上也有人把这些疾病归为食源性疾病的范畴。总而言之，凡是与摄食有关的疾病（包括传染性和非传染性疾病）均属于食源性疾病。食源性疾病也就是我们经常说的"食物中毒"，因为吃了一些含有致病因子的食物而引起的疾病。而导致我们食物中毒的致病因子有很多种，如食物中的细菌、病毒、寄生虫、化学药剂或者真菌毒素、动物性毒素、植物性毒素等。

常见的食源性疾病都有什么？

（一） 细菌性食物中毒

在各类食物中毒的病例中，细菌性食物中毒最为常见，占食物中毒类型总数的一半左右。细菌性食物中毒具有明显的季节性，多发生在气候炎热的季节。一方面是由于此时气温较高，适合一些病菌、微生物的生长繁殖；另一方面由于炎热，人体肠道的防御机能下降，易感性增强，所以导致了这种高温季节的细菌性食物中毒发病率普遍较高。但值得庆幸的是，虽然细菌性食物中毒发病率高，但病死率低。其中毒食物多为动物类型的食品。

（二） 亚硝酸盐中毒

在腌制品（如腊肉、腊肠或者酸菜等）的制作过程中，为了保持食品的新鲜度以及让食品颜色更加好看，有些商家会选择加入亚硝酸盐。但是，如果长期摄入亚硝酸盐，会引起血红蛋白变成高铁血红蛋白，高铁血红蛋白会影响正常的血红细胞带氧的能力，使脑、心、肾等重要器官缺氧。

（三） 四季豆中毒

四季豆又名菜豆，俗称芸豆，是全国普遍食用的豆类蔬菜，一般不会引起中毒，但食用没有充分加热、彻底熟透的豆角就会中毒。四季豆中毒的病因可能与皂素、植物血球凝集素、胰蛋白酶抑制物有关。主要中毒症状为胃肠炎，如恶心、呕吐、腹泻、腹痛、头痛等。

（四） 高组胺鱼类中毒

高组胺鱼类中毒是由于食用含有一定数量组胺的某些鱼类而引起的过敏性食物中毒。引起此种过敏性食物中毒的鱼类主要是海产鱼中的青皮红肉鱼。腌制咸鱼时，如原料不新鲜或腌得不透，含组胺较多，食用后也会引起中毒。

（五）毒蕈中毒

毒蕈中毒就是指误食带毒素的蘑菇造成的中毒。我国现有 190 多种蘑菇，大约 150 种有毒，而其中约有 30 种蘑菇的毒性可以导致死亡，毒蕈中毒往往是误食与无毒蘑菇相似的有毒蘑菇，或是由于烹饪不当造成的。其症状一般是出现级别不等的幻觉。

食源性疾病有哪些特征？

（一）食源性疾病具有暴发性

一旦食源性疾病暴发，少则几个人，多则达到成千上万人，而大多数都是微生物造成食物中毒引起的集体暴发。而且微生物食物中毒的潜伏期较长，其他食物中毒为散发或暴发，潜伏期较短（数分钟至数小时）。

（二）食源性疾病具有地区性

食物中毒可能经常出现在特定的某一个地区。例如，肉毒杆菌中毒在中国新疆地区多见；副溶血性弧菌中毒主要发生在我国沿海地带；霉变甘蔗中毒多发生在北方地区；牛带绦虫病主要发生在有生食或半生食牛肉习俗的地区。

（三）食源性疾病具有季节性

食物中毒可能发生在某一个季节。比如在秋季或者夏季，下过雨后会有一些毒蘑菇出现，尤其在云南地区，每年都会出现有人吃野生蘑菇中毒的情况。

食源性疾病的危害性

据全国各地上报的数据，我国平均每年有近 5 万人因食物中毒而使健

康受到损害，每年因食物中毒死亡 300 多人。由于一些非法食品的生产，多次造成严重的食物中毒事故。如 1998 年春节前，山西省文水县一不法分子用工业酒精勾兑散装白酒，批发给朔州市一些个体户。这些散装白酒流向社会后，造成近百人中毒，死亡 30 人，并有数名无辜群众因甲醇中毒造成双目失明，失去生活和劳动能力。经测定，这些勾兑的散装白酒每升含甲醇 361 克，超过国家标准 902 倍。此外，还有一些人没有意识到有些食物在一些情况下不能食用，如黑龙江省鸡西市鸡东县兴农镇某社区居民王某及其亲属 9 人在家中聚餐，其间共同食用了自制酸汤子（用玉米水磨发酵后做的一种粗面条样的主食）。调查得知，该酸汤子食材已在冰箱冷冻一年，经当地公安机关刑事技术部门现场提取物检测，未查出氰化物（剧毒类）、有机磷类（农药类）、呋喃丹类（氨基甲酸酯类内吸性广谱杀虫剂）、安定类（催眠）、毒鼠强（鼠药类）等有毒物质，排除人为投毒可能。最后经医院化验检测，食物中黄曲霉毒素严重超标，被判定为黄曲霉毒素中毒，共有 7 名患者经救治无效死亡。

食物中毒带来的危害性很大，而目前被认知并得到报告的食物中毒仍然只占实际发生的很少一部分。从全球的角度看，发展中国家实际发生的和所报告的病例数之比可能为 100∶1，发达国家可能不足 10%。因而可以肯定地说，除了已经报告的食物中毒外，还有大量的食物中毒或其他食源性疾病因为各种原因而未报告，所以我们要重视食源性疾病这个问题。

如何预防食源性疾病？

（1）不买不食腐败变质、污秽不洁及其他含有害物质的食品。

（2）不食用来历不明的食品；不购买无厂名、厂址和保质期等标识不全的食品。

（3）不光顾无证无照的流动摊档和卫生条件不佳的饮食店；不随意购买、食用街头小摊贩出售的劣质食品、饮料。这些劣质食品、饮料往往卫生质量不合格，食用会危害健康。

（4）不随便吃野菜、野果。野菜、野果的种类很多，其中有的含有对人体有害的毒素，缺乏经验的人很难辨别清楚，只有不随便吃野菜、野果，才能避免中毒，确保安全。

（5）生吃瓜果要洗净。瓜果蔬菜在生长过程中不仅会沾染病菌、病毒、寄生虫卵，还有残留的农药、杀虫剂等，如果不清洗干净，不仅可能染上疾病，还可能造成农药中毒。

（6）保持直接接触食品的用具清洁。俗话常说"饭前便后要洗手"。此外，食物制备过程中也需要经常洗手，尤其是在食物制备完成后，最好及时地清洁厨房用具以及打扫厨房卫生，以防止昆虫、老鼠及其他有害生物进入厨房，接近、污染食物。

（7）处理生熟食品时的用具分开。生鲜肉类、禽类和海产类食物要与其他食物分开加工处理，生鲜食物要用单独的器具，如刀、砧板和其他用具，生熟食物要用不同器皿分开存放，不要生熟混放。

（8）食材烹饪至完全煮熟。适当烹饪基本可将所有危险的微生物杀死，因此食物要彻底做熟，尤其是四季豆、蘑菇等自身携带轻微毒素的食材。炖汤、炖菜要煮沸，食物中心温度至少应达到 70℃，肉和禽类食物要烹饪至熟透，不能夹带血丝，大块的食材必须彻底加热，才能将其内部的细菌杀死。冰箱里存放的剩饭剩菜再次食用前也应当彻底加热。

（9）食物要保存在安全温度下。绝大多数致病微生物喜欢室温环境，因此熟食不要在室温下存放超过 2 小时，所有熟食和易腐败的食物应及时冷藏（最好在 5℃以下）。但在冰箱里储存的食物也应及时取出吃完，不宜存储过久。

（10）保证食品原料生产运输过程中的卫生。首先务必避免食品与人畜粪便、污水和有机废物等污染物接触，从而防止和控制作为食品原料的动、植物病虫害，以及在收获、加工、运输、储存、销售等各个环节可能出现的食品污染。其次是在食品可能受到微生物污染的情况下，采取清除、杀灭微生物或抑制其生长繁殖的措施，如各种高低温和化学消毒、冷藏和冷冻、化学防腐、干燥、脱水、盐腌、糖渍、罐藏、密封包装、辐射处理等。把这些方法结合起来运用，更能起到消除或控制生物污染、保证食品质量的效果。

（图：孙子㭎）

098

如何应对致病性细菌毒素污染？

什么是致病性细菌毒素污染？

致病性细菌毒素污染是指具有病原性的细菌毒素对食品、水、土壤等造成的污染。从致病性细菌毒素污染的定义中不难看出，不管是水、土壤，还是食品遭受了致病性细菌毒素污染都会给农户造成巨大的影响，因为农作物的生长离不开土壤和水，农户生产出来的食品如果被毒素污染就会造成食物中毒的严重后果，这些都关乎农户的利益和食用者的生命安全，所以致病性毒素污染的问题不容忽视，特别是农户们需要提高警惕，及时应对。

农户为什么要及时应对致病性细菌毒素污染？

致病性细菌毒素污染在我们日常生活中很常见，就是由于进食被细菌或细菌毒素污染的食物。细菌性食物中毒多见于加工或者储存不当的肉类食品、海产品、奶制品等，发病时间一般在进食后半小时左右，主要症状为恶心、呕吐、腹痛、发热。致病性细菌毒素污染会对食用者的生命安全造成极大威胁，做好预防和及时应对措施是非常有必要的。下面以农业生产中的养殖业为例来阐述一下致病性细菌毒素的危害。近年来，随着养殖业规模的不断扩大，各种传染病也随之不断暴发，给致力于养殖业的农户带来了巨大的损失，像前几年的猪瘟使得很多养殖户血本无归。同时也会危及其他人的生命和财产安全。而细菌病毒在其中扮演着重要角色，细菌毒素作为细菌的一种毒力相关因子，对致病性起到至关重要的作用。所以及时认识和应对致病性细菌毒素污染，对每一个农户来说都非常有意义。

农户怎么应对致病性细菌毒素污染？

想要应对致病性细菌毒素的污染，就要先了解致病性毒素的相关知识。下面就先介绍一些常见的食品致病菌：

（1）沙门氏菌。沙门氏菌是肠杆菌科的一个重要菌属，沙门菌对干燥、腐败、日光等因素具有一定的抵抗力，在自然环境中可生存数月。沙门氏菌可以感染动物也可以感染人，易引发食物中毒。

（2）金色葡萄球菌。金色葡萄球菌主要污染营养丰富且含水量较高的食品，如乳类、乳制品、肉类、剩饭等，还有熟肉类、鱼类制品、蛋制品等。该细菌对生存环境要求较高，需要适宜的温度和 pH 值。

（3）副溶血性弧菌。该菌种主要存在于近海水岸、海底沉积物、鱼类、扇贝等海产品中，所以海产品是引起副溶血性弧菌食物中毒的主要食品。副溶血性弧菌存活能力强，在抹布和砧板上可以生存一个月以上。

（4）大肠杆菌。大肠杆菌是人类和大多数温血动物肠道中的正常菌群，通常不致病，但也存在具有致病性的大肠杆菌，它们可能会引起急性肠胃炎，严重者可能致死。

（5）肉毒梭菌。肉毒梭菌广泛分布于自然界中，特别是土壤里面，主要污染家庭自制的植物性发酵产品，如臭豆腐、面酱、豆酱、酸菜、腐乳等，罐头和瓶装食品、腊肉、腊肠、火腿等肉类产品以及凉拌菜等也会

受到污染。

以上就是一些常见的致病性细菌，了解它们的生存环境和所需的生产条件，农户们就能根据它们的弱点来消灭这些致病的细菌，清除致病性细菌毒素。

那么如何杀灭食品中的致病性细菌、清除致病性毒素呢？消毒灭菌是预防和控制食品中致病菌危害的主要方法。在食品工业中常用化学消毒剂来消灭致病性细菌。

普通农户可以采用液体消毒剂对畜舍和家禽家畜停留过的住所进行消毒。常用的液体消毒剂含有 10%～20% 的石灰乳和 10% 的漂白粉溶液。消毒时先喷地面再喷墙壁，最后喷天花板。此外还要注意开窗通风。对于农田和农地的土壤和水源也要进行消杀。一般为了防止作物被细菌污染可以采用深耕和轮作的方法，可以有效清理土壤中的病菌和虫卵。此外还可以增施有机肥，提高土壤肥力从而增强作物自身抗性。有些农户还会采用化学药剂对土壤进行消杀，一般会用到多菌灵、阿维菌素、代森安等。

农户要想做到及时应对致病性细菌的污染，就必须学会预防致病性毒素污染，及时对土壤、水源、畜舍进行消杀，尽量不吃生食，这样就可以避免大多数的致病性毒素带来的食物中毒疾病。在此，还需要再强调一句，如果发现不新鲜或腐烂的食物一定不要带有侥幸心理去尝试，应及时丢弃，如果发现自己或者身边的人有食物中毒的现象要及时拨打 120 求救。

（图：孙子棨）

099

如何预防食品微生物污染？

什么是食品微生物污染？

食品微生物污染主要说的是两种，一种是引起食物腐败变质的微生物，另一种是食源性病原微生物。由于微生物具有较强的生态适应性，食品原料在种植、收获、饲养、捕捞、加工、包装、运输、销售、保存及食用等众多环节都可能被微生物污染。由于微生物在空气、水、人体等环境中无处不在，使其成为食品加工过程中一种无法杜绝的污染。

食品微生物污染的途径有哪些？

（一）通过原料污染食品

食品是由各种原料经过合理加工而成的复配混合物，食品的原料种类多，性能各异，有油质原料、粉质原料、胶质原料等，都含有一定的脂肪、蛋白质和淀粉。这些营养成分暴露在空气中时，病原微生物就可能侵入。

（二）通过包装材料污染食品

市场上的食品包装（直接接触的包装）最常见的大致可以分为纸类材料、塑料材料、玻璃材料、金属材料以及其他复合材料。包装材料（桶、瓶、盖）的不卫生是造成食品微生物污染的重要原因，食品内容物因容器和附件而感染微生物的情况屡见不鲜，容器生产厂家未必能保证容器在生产、储存和运输过程中的卫生环境达到标准，所以包装容器在使用前应进

行清洁和消毒处理。

（三）通过用具污染食品

食品的用具，包括原料的包装、运输工具、生产加工设备和成品包装材料及容器等，都可能成为微生物污染食品的媒介，尤其是表面不光滑的用具污染程度更严重。

（四）通过空气污染食品

空气中的微生物是可变的，虽然微生物在空气中一般不会生长繁殖，但空气中到处都悬浮着带有微生物的尘埃、颗粒物或液体小水滴。随着空气的流动，尘埃的飞扬或沉降将微生物附着在食品上。

（五）通过人员污染食品

人的体表、头发或衣服的表面都有许多微生物吸附。人接触食品时，人体可作为媒介使微生物污染食品。特别是手，每平方厘米的杂菌数可高达几百万个，所造成的食品污染最为常见。如果直接接触食品的从业人员操作时没有穿戴工作衣帽或者手和工作衣帽不经常清洗和消毒，就会把大量的微生物附着到食品上，造成食品的污染。

如何预防食品微生物污染？

（一）防止食品原料中的微生物污染食品

对某些食品原料所带有的泥土和污物进行清洗，以减少或去除原料所带的大部分微生物。在加工、运输、储藏过程中的环境、设备、辅料和工作人员，都应注意防止微生物对食品的污染。

（二）减少和去除食品中已有的微生物

减少和去除食品中已有微生物的方法很多，如过滤、离心、沉淀、洗涤、加热、灭菌、干燥、加入防腐剂、辐射等。这些方法可以根据食品的不同性质加以选择应用。

（三）控制食品中残留微生物的生长繁殖

经过加工处理的食品，仍有可能残留少量微生物。控制食品中残留微生物的生长繁殖，就可以在一定程度上保证食品的食用安全。控制的方法有低温法、干燥法、厌氧法、防腐剂法等。

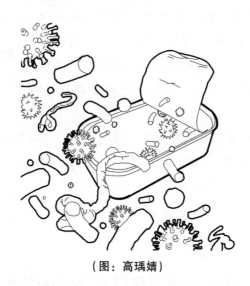

（图：高瑀婧）

100

如何正确制作微生物发酵食品？

关于微生物发酵食品

（一）什么是微生物发酵食品

微生物发酵食品，顾名思义，是利用微生物对原材料进行发酵处理后

得到的产品。根据各类百科资料所给出的详细解释，微生物发酵即是指利用微生物，在适宜的条件下，将原料经过特定的代谢途径转化为人类所需要的产物的过程。

（二）食品发酵微生物及常见发酵食品

用于发酵食品中的细菌，主要有醋酸杆菌、非致病棒杆菌和乳酸菌3种。醋酸杆菌常见于腐烂的水果、蔬菜、酸果汁、醋和饮料酒中；非致病棒杆菌经常用于味精（L－谷氨酸盐）的生产，它能将糖分解成有机酸，并将含氮物质分解成铵离子，再进一步合成谷氨酸并积累于发酵液中；乳酸菌能产生乳酸，是发酵乳制品制造过程中起主要作用的一类菌。

平时常见的发酵食品主要有以下五类：（1）酒精饮料，如蒸馏酒、黄酒、果酒、啤酒等；（2）乳制品，如酸奶、酸性奶油、马奶酒、干酪等；（3）豆制品，如豆腐乳、豆豉、纳豆等；（4）发酵蔬菜，如泡菜、酸菜等；（5）调味品，如醋、黄酱、酱油、甜味剂、增味剂和味精等。

制作发酵食品的现状以及遇到的常见问题

（一）现状

微生物发酵食品是我国人民自古以来就一直在制作的，直到现在，仍旧有许多人并不清楚这其中的原理，甚至有人仍旧是凭借感觉去制作。殊不知不规范的制作方式会产生大量的致病微生物和有害物质。对此，对于微生物发酵食品的科普便显得十分重要。

（二）常见问题

在制作微生物发酵食品的过程中会遇到许多问题，其中常见的有：
（1）制作周期太长；

（2）制作成品已经被杂菌污染；

（3）在制作的不同的阶段看不到相对应的现象。

这些都是对微生物发酵认识不足导致的问题，接下来进一步讲解相关知识并讲述解决问题的办法。

如何正确制作微生物发酵食品

拿常见的腐乳的制作为例，来讲解正确的制作方法：

（1）首先将准备的豆腐洗净，置于清水中浸泡 20 分钟后沥干水分（沥干水分的目的是防止制作时腐乳不成形）。

（2）将豆腐切成大小合适的块，并置于蒸屉中盖上纱布，大约一星期后查看情况，若豆腐上有黄色的一层毛霉，则可进行下一步（放入蒸屉中盖上纱布是为了让豆腐接触到空气中的毛霉孢子并使其扎根繁殖）。

（3）将长满毛霉的豆腐块分层整齐地摆放在瓶中，同时逐层加盐，随着层数的加高而增高盐量，接近瓶口表面的盐要铺厚一些。加盐腌制的时间约为 8 天（加盐可以析出豆腐中的水分，使豆腐块变硬，在后期的制作过程中不会过早酥烂。同时，盐能抑制微生物的生长，避免豆腐块腐败变质）。

（4）配置卤汤。卤汤能直接影响腐乳的色、香、味。卤汤是由酒及各种香辛料配制而成的。卤汤中的酒可选用料酒、黄酒、米酒、高粱酒等，酒精含量一般控制在 12% 左右。加酒可以抑制微生物的生长，同时能使腐乳具有独特的香味，卤汤中的其他香辛料可以根据自身口味来配制。

（5）最后将卤汤倒入瓶中，一星期左右便可以食用。发酵时间长些，口味会更好。

除这些以外，加盐腌制时应注意用量，过少容易腐败变质，过多影响口味。

从腐乳的制作中不难看出，微生物发酵食品的制作需要注意的点很多，其中主要是注意原材料的处理，对微生物的接种和杂菌处理。知晓了这些，对于微生物食品的制作便轻松了许多。

原材料的处理便是注意对原材料的清洁，清洗可以去除大部分杂质和细菌的影响。

对微生物的接种便需要制作者对制作所需的微生物有一定的了解，大部分的发酵食品所需的微生物在空气中便含有，少数比如发酵葡萄酒所需的微生物则会直接存在于果皮上。

对于杂菌的处理便是对于香辛料和酒精的使用，以及对环境的控制。香辛料和酒精具有杀灭微生物的功用，同时微生物的生长也分有氧和无氧环境，绝大部分微生物只能在一种环境存活。

（图：高瑀婧）

101

如何预防食品微生物带来的危害？

食品中的微生物

微生物千姿百态，有些是具有腐败性的，即能够引起食品气味和组织结构发生不良变化。当然也有些微生物是有益的，它们可用来生产奶酪、面包、泡菜、啤酒和葡萄酒等食物。微生物非常小，必须通过显微镜放大约 1000 倍才能看到。想象一下，每毫升腐败的牛奶中约有 5000 万个细菌，也就是一瓶牛奶中可能含有 50 亿个细菌。

食品微生物的利与弊

我们可以通过微生物的作用，生产出各种饮料、酒、醋、酱油、味精、馒头和面包等发酵食品。例如，把酵母菌加在面团内，在 25℃ ~ 30℃ 的条件下，酵母利用面团中存在的蔗糖、葡萄糖、果糖以及面团本身的淀粉酶转化成的麦芽糖进行生长，将一部分糖分解成二氧化碳和酒精，使面团立即膨胀发起，最后在馒头等食品中形成大量空泡，使馒头疏松暄软又具有香气。

任何事物都不是绝对的，微生物也是如此，有些微生物对人类甚至环境有害。例如长期置于潮湿空气下的食物所生长的霉腐微生物。霉腐微生物在矿油（燃料油、润滑油脂、液压油、切削乳液等）中生长后，其大量菌体不仅能阻塞机件，而且菌体的代谢产物也能导致或加速金属腐蚀。医药品、食品滋长细菌和霉菌可导致腐烂变质；生长较普遍的黄曲霉、杂

色曲霉、冰岛青霉、桔青霉等所产生的真菌毒素直接危害人类健康；染菌的被褥、服装易成为霉菌污染源，特别是烟曲霉能导致肺气肿等疾病；链霉菌、青霉等侵入人体循环系统后，能造成血管阻塞；菌落（如霉斑等）污损建筑物，也是环境污染源。此外，霉腐微生物还可损害图书、文物、档案材料、磁带信息资料、生物标本和艺术品等。

日常生活中如何预防食品微生物带来的危害

（1）不要购买那些没有受到适当保护的食物，例如挂在店铺外边的烧味、卤味和没有盖好的熟食等。

（2）不要光顾无牌食肆和熟食小贩或从他们那里购买熟食和生冷食物，因为他们烹调食物的环境和方法大多不太卫生。

（3）不要购买外观异常的食物，例如罐身生锈、膨胀或凹陷的罐头食物。

（4）生吃的食物如刺身和生蚝，应在合乎卫生和信誉良好的店铺购买，以确保品质优良。

（5）将食物彻底煮熟才可进食，肉类和海产品都同样需要煮熟。烹调肉食时，肉块要小，且炖熟煮透。留放隔顿吃的熟制品，吃前一定要回锅加热，即使感官性状没有明显改变，也必须彻底加热或改制，不能麻痹大意。

（6）将熟食与生食分开处理和储存，以免相互污染。

（7）如厕后及处理食物前要先用清水及肥皂洗手，以免双手沾上肠道细菌污染食物。无论如何，不可用手接触已煮熟的食物。

（8）不要让患有腹泻、呕吐或有发炎伤口的人处理及触摸任何食物，以免食物沾上细菌。

（9）准备好的食物应即时进食。细菌繁殖和产生毒素的主要因素是温度和时间，在适宜的温度和足够时间条件下，细菌会大量繁殖或产生毒素。因此，降低温度和缩短储存时间是预防细菌性食物中毒的一项重要措施。一般地说，烹调加工后的熟食品，储存时间应在 6 小时以内。

（10）剩余的食物最好弃置，如要保留，应在4℃或以下保藏。

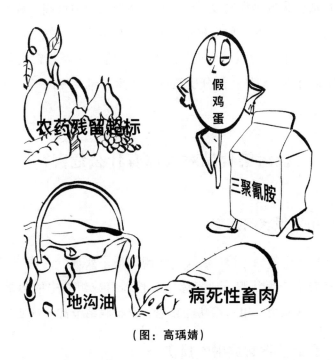

（图：高瑀婧）

102

如何避免核污染食品的危害？

什么是核污染食品？

核污染食品又称核辐射食品，主要是指被外泄放射性核素污染的食品。但其实，遭到辐射的食品并不全是有害的：我们吃的许多水果和蔬菜

都会通过一定的辐射进行"辐照"来延长保质期。在核污染食品中，真正对人体造成伤害的是那些放射性核素，主要为放射性碘、放射性铯和放射性惰性气体等。这些放射性核素主要来自核电厂。当核电厂发生严重事故时，反应堆放射性物质就会向周围释放，悄悄地附着在食品表面甚至"潜入"食品内部，破坏食品分子结构，产生大量致癌因子，从而危害人体健康。

核污染食品对人体有什么危害？

（一）引发甲状腺病变

放射性核素中的碘 – 131 是放射性碘的最主要成分。碘 – 131 进入人体后会迅速聚集于甲状腺，比身体中其他器官或组织中的含量高百倍千倍，会引起甲状腺炎、甲状腺功能衰退、甲状腺结节甚至癌变。

（二）引起多器官放射性损伤

放射性铯（主要是铯 – 137）是人们受全球性放射性落下灰照射剂量的主要放射性核素之一。它极易被肠胃吸收，吸收率为 100%。由于它可以均匀分布于人体体内且其中的子体钡 – 137m 量子在体内的穿透性强，各组织都会受到铯的照射，从而造成多器官放射性损伤。

（三）致畸

核污染食品中的大部分放射性核素会通过母体影响腹中正在发育的胚胎。主要影响胚胎正常细胞分裂和分化，造成细胞分裂和分化能力减弱、胎儿早期死亡、后代出现畸形或先天性遗传缺陷等问题。

（四）致癌

放射性核素也可能会造成人体体内细胞突变，甚至癌变。

（五）慢性中毒

通常情况下，食用核污染食品并不会马上致死。而是通过长期的摄入，一点点地积累在人体体内。刚开始时甚至不会出现任何不适症状，但是随着放射性核素的摄入增加，人就会出现头晕、恶心、失眠、溃疡、出血等慢性中毒的症状。

如何避免这些危害？

（一）预防性措施

1. 远离核辐射源地进行食品生产

因为核辐射对食品的污染是多方面的，既可以通过土壤进入农作物体内，又可以直接附着在食品表面。因此，必须要远离核污染源进行食品生产和加工。

2. 消费者要学会理性选择

实际上，绝大部分消费者难以分辨自己所购买的食品是否已经遭到核辐射的污染。所以，这就要求消费者们在购买食品时，一定要格外注意它们的生产源地，不要抱着侥幸心理和崇洋心理，认为"进口的一定是最好的"，从而忽视了核污染的严重性。

3. 多食用无公害绿色农产品，特别是防辐射食品

安全、环保、健康的绿色农产品能为人体补充更多的营养元素，从而增强人体的抵抗力。除此之外，有些农产品甚至能起到防辐射的作用，例如：

（1）木耳：木耳含有植物胶质，具有较强的吸附能力，可以将残留在人体消化系统内的灰尘杂质集中吸附，再排出体外，具有排毒清胃的作用，从而达到一定的抗辐射效果。

（2）海带：海带含有的碘和蛋白质能有效增强人体抗辐射的能力，增强各脏器的抵抗力，从而达到抗辐射效果。

（3）西红柿：西红柿含有的番茄红素能进入人体消灭自由基，在肌肤表面形成一道屏障，能有效防止紫外线、辐射对肌肤的伤害。

（4）绿豆：绿豆能够加强人体新陈代谢，加速体内毒素的排出。

（5）绿茶：绿茶中的茶多酚是抗辐射物质，可以减轻各种辐射对人体的不良影响。

（二）应急措施

1. 简单应急处理办法

如果不慎食用核污染食品，短时间内，可以采用催吐、加快排泄的方法使食物排出体外。

2. 立即就医

如果是长时间食用核污染产品出现了不适症状，应立即选择就近的医院就医。

3. 其他措施

（1）相关部门加大监测监管力度。相关部门要严格执行食品卫生法规，坚持对食品进行放射性物质的监测和检验，避免核污染食品进入消费市场。严格执行国家食品卫生标准，按规章处理被放射性污染的食品。

（2）培育良种。加大科研力度，培育防辐射的农产品，满足人们的健康需求。同时，优良品种的研发也能进一步提升我国科研技术水平，从而提升我国在农作物培育领域的国际地位。

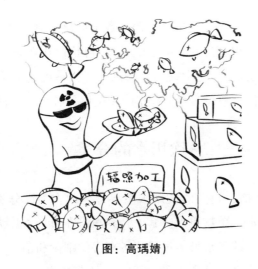

（图：高瑀婧）

103

喝什么样的水对人体最好？

我们的生活离不开水，通过各种各样的方式，我们得到了可以饮用的水，烧开的自来水、干净的泉水，还有超市里琳琅满目的瓶装水等。近些年市面上更是出现了不少的"新型矿泉水"，如活性水、弱碱性水、离子水等。令消费者目不暇接，一时间不知道该买哪种水更好。今天我们就一起来看看什么样的水更好。

饮用水的标准

什么样的水可以饮用？国家卫生健康委员会和标准化管理委员会对原有标准进行了修订，联合发布了新的强制性国家《生活饮用水卫生标准》，该标准对水质做出了一系列的规定，并且分为常规标准和供水标准。

其中，常规标准规定水中微生物总菌落数不得超过 100 个，各种有毒的无机物，如氰化物不得超过 0.05mg/L、铅不得超过 0.01mg/L、镉不得超过 0.05mg/L 等，更有多项化学指标，如色度（铂钴色度单位）为 15、浑浊度（NTU-散射浊度单位）为 1、水的硬度以及各种放射性指标。

饮用水的分类

在 2015 年之前，我国的饮用水主要分为四大类，分别是纯净水、天然矿泉水、天然水、矿物质水。其中，纯净水在市场占比大，并且最早是航天员的饮用水。纯净水虽然过滤掉了有害的细菌和杂质，但也过滤掉了有益的微生物和许多人体所需的元素。包括蒸馏水、离子水、太空水等。而天然水是经过加工的未受污染的河水、泉水、湖水等，包括我们生活中常见的自来水厂生产的桶装饮用水。天然矿泉水广义上属于天然水，但是与一般天然水不同。天然矿泉水开采自深层地下水，含有丰富的钠、钾、钙、碳酸盐、硫酸盐等大量元素。矿物质水通常以城市自来水为原水，经过净化加工后，添加矿物质，再杀菌处理进行罐装销售。与其他三种不同，矿物质水没有统一的国家质量标准，行业依照《食品添加剂使用卫生标准》进行限量添加，卫生上按照《瓶（桶）装水卫生标准》确保饮用安全性。

对人体最好的水

那么什么样的水对人们来说是最好的呢？多数生理学家、营养学家认为，就人体健康关系而言，天然水优于纯净水，天然矿泉水优于天然水。纯净水虽属安全、卫生、洁净的饮用水，但长期饮用，会减少人体对矿物质和微量元素的摄入。对正在发育中的青少年的身体健康尤为不利。而矿泉水不仅含有一般常量元素，而且含有符合规定含量的微量元素。有的地区的居民长期以矿泉水作为日常饮用水，其健康状况与寿命明显优于其他地区居民。所以，纯净水可以喝，但是不能一直喝。而媒体经常报道的百岁老人村、百岁泉，可能部分有他们经常饮用富含矿物质水的原因。市面上的活性水和弱碱性水差别不大，活性水具有弱碱性，小分子团的特征，而弱碱性水通常指 pH 值 7.4～9.5 的水，所以，活性水属于弱碱性水的一种。人体内环境为弱碱性，所以喝弱碱性水有利于身体健康，但是物极必反，弱碱性水喝多了也对人体不好，可能会影响人体内部酸碱平衡。多数家庭常采用烧开自来水饮用对人体甚至会造成一定害处。一方面，用于净水的氯化物会使水呈酸性，煮沸不能改变这一点，这会影响人体内环境酸碱平衡。另一方面，氯化物等消毒剂的产物可能致癌。

（图：高瑀婧）

104

合成肉存在哪些危害？

什么是合成肉？

合成肉又叫"重组肉"，简单一点说，就是用碎肉或者使用淀粉和豆

制品，通过食品添加剂（果胶、卡拉胶）加工而成的一整块肉。

合成肉主要分为三种：第一种合成肉是用淀粉、豆制品经过机械加工而成，这种是几乎没有肉的，但口感和肉差不多，而且成本很低。第二种合成肉是将肉纤维用食用胶粘在一起。食用胶的作用就是用来重塑食物的，也就是把零散的肉凝结在一起，使之成为整块。第三种合成肉是用动物的干细胞培养出骨骼肌组织（但是成本很高，市场上几乎没有，还处在研究阶段）。

合成肉存在的危害

（一）合成肉的首要问题：原料问题

合成肉所用的肉是什么成分？这难免让多数消费者不安，很直接的猜想是大多是质量不佳，或是边角料的碎肉，甚至还有一些可能是不法商家使用一些僵尸肉、病死肉等来历不明的肉作为合成肉的原料，这种掺假的行为经常在新闻上见到。若合成肉的原材料本身就是假冒伪劣原料，那就是挂羊头卖狗肉。无论用什么方法去掩盖，都违背了食品安全的基本红线，属于违法行为。在深加工的过程中更差质量的原料所做成的合成肉被杂菌污染风险更大，对消费者健康危害十分严重。

（二）合成肉的次要问题之一：食品添加剂问题

起到黏合作用的"肉胶"，叫做谷氨酸胺转氨酶。它能将蛋白质分子之间形成像海绵状的网状结构，将两块肉黏合的天衣无缝，烹调也不会被破坏，并且口感上与整块肉毫无差别。谷丙转氨酶在动植物体内大量存在，本身也是一种可以被消化的蛋白质，安全性较好。但是其中的问题也很明显，重组肉的生产技术难度不高，很多黑作坊也能生产，其生产出来的合成肉中的食品添加剂的含量和质量都无从知晓，这就是我们老百姓口中常说的食品添加剂滥用问题，没有按照国家标准执行，就可能会出现食品安全问题。

（三）合成肉的次要问题之二：细菌问题

合成肉中经常会含有很多的细菌，以牛排为例，真正的牛排是整块肉切出来的，内部有细菌的可能性很小，所以即便是"三分熟""五分熟"，出现问题的可能性也不大。而"合成牛排"来自零碎的肉块，肉块表面就有更大的可能存在细菌。黏结之后，这些细菌也就存在于牛排内部。为了安全，合成牛排就应该烤到全熟才吃。而大部分民众会受到西餐厅的影响，对合成牛肉也采取半生不熟的吃法，会吃下去很多的细菌，从而威胁到自身的身体健康。

如何正确选择肉类？

首先，我们应该要明确，在有关部门的监管下，通过正常渠道购买的合成肉少量食用是没有什么问题的。合成肉的存在一方面降低了吃肉成本，另一方面也增加了多元选择性。

其次，合成肉产业所存在的问题使我们不得不谨慎起来。合成肉需要仔细辨别质量好坏并且做到尽量少吃。鉴别是否为合成肉最简单的方法就是看包装上的配料表，虽然包装上不会标注"合成肉"，但我们国家规定食品必须要注明配料，出现谷氨酰胺酶、大豆分离蛋白、食用胶、卡拉胶这些东西，表示其就是合成肉了。如果是吃自助餐等情况看不到配料表，则主要看切面，正常的肉类切面有非常自然的纹路，而合成肉的切面一般比较整齐，纹路比较少。对于大家常吃的羊肉卷、牛肉卷等最容易分辨的方法就是煮的时候轻轻搅动，如果白色和红色的部分轻易分开就是合成肉。

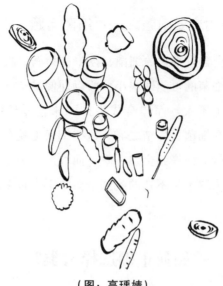

（图：高瑀婧）

105

自酿酒需要注意哪些安全问题？

什么是自酿酒？

自酿酒是指我们自己在家以曲类、酒母为糖化发酵剂，利用高淀粉质（糖质）原料，经过蒸煮、糖化、发酵、蒸馏、陈酿、勾兑而酿制而成的各类酒精饮料。

不成熟的自酿酒技术有哪些食品安全问题？

由于自酿葡萄酒中酿造工艺的不成熟、酿造环境的不达标、不能够实现全封闭式的消毒生产，以及容器选择比较随意等因素，自酿酒往往含有超标的甲醇和杂醇油等有害物质。自酿酒可能因为酒精含量不达标而滋生霉菌，自酿酒的发酵时间和温度无法控制、酿酒容器的选用也会导致酒体存有其他有害物质。举个例子，用于酿造葡萄酒的葡萄，必须是成熟度高、无破皮、无发霉迹象的葡萄。但是我们自酿葡萄酒的时候，原材料的选用往往没有这么严谨，甚至可能出现葡萄买回家后存放了几天才开始酿造葡萄酒的情况。而且一般家庭自酿葡萄酒时，发酵时间只过了一个月就开始饮用，但是正常情况下的葡萄酒酿造，白葡萄酒需要 3～4 个月的发酵时间，红葡萄酒则需要 1～2 年的发酵时间，而且发酵温度需一直保持在 20℃ 以下。家庭自酿酒无法保证足够的酿造时间和长期稳定的温度。酿造技术成熟到可以酿酒的毕竟只是少数有一定酿造知识的人，普通人没有必要冒险自己酿造酒精饮料。

制作自酿酒的具体流程是怎样的呢？

制作自酿酒的第一个步骤便是选料，原材料往往选用淀粉或其他糖分含量较高的食物，如粮食作物、高糖分的水果都可以用作酿酒的原材料，而鳄梨和花生这种脂肪及蛋白质含量很高的作物却不能用来酿酒。学习过基础生物知识的应该知道，脂肪是不能被酵母转化为酒精的，所以在选材方面应当注意，不是任何喜欢的食物都能用来酿造酒精饮料的。在选材结束后，便来到了向原料中添加酒曲的环节，粮食作物和水果在此环节还是有一些差别的。如果以粮食作物为原料，这一步便需要先将原料蒸熟，然后将原料破碎，并放凉到 30℃ 以下。待原料凉透，便将白酒曲和增香曲拌入，在消过毒的玻璃容器中单向密封。而如果以水果作为原料的话，则需要先将水果去皮并将果肉榨汁，像甘蔗这类果皮含有丰富糖质的材料，皮渣还可以单独用来酿造朗姆酒。在果肉榨汁以后，加入酒曲，倒入玻璃容器中单向密封。选用的原料不同，酿酒所需的发酵时间也就不同，如果希望尝试自酿酒需仔细查询相关资料。粮食作物酿造出来的酒往往都是酒精度较高的白酒，水果酿造出来的酒的酒精度一般不会太高，选用含糖量

很高的原材料还可以酿造出起泡酒这种更迎合年轻群体的新型酒精饮料。在发酵阶段结束以后，需要将酒液倒入蒸馏器中进行蒸馏处理，蒸馏器中需要加入铜网以达到祛除甲醛的目的。蒸馏出的酒液建议去掉 10% 的酒头，因为酒头的有害物质浓度较高。酒尾部分也要去掉，因为酒尾的酒精浓度低，会稀释酒液的酒精浓度，酒精浓度过低不能达到抑制杂菌生长的目的，最后的成品也需要密封保存好，在温度适宜的环境中保存。

自酿酒需要注意哪些安全问题？

（图：谭仁豪）

106

菜籽油该怎样正确食用？

什么是菜籽油？

菜籽油，俗称菜油，又叫油菜籽油、香菜油、芸苔油、香油、芥花油等。它是主要用油菜籽榨出来的一种可食用油，主要产地分布在我国的西南地区。菜籽油一般呈金黄色或棕黄色，生的菜籽油还有一股刺激气味——"青气味"。菜籽油主要营养成分包括芥酸、油酸、亚油酸、亚麻酸，其中芥酸的含量最高。其主要功效可润燥杀虫、散火丹和消毒肿。

食用菜籽油的利和弊

（一）食用菜籽油的利

（1）菜籽油比较容易消化，可快速分解体内脂肪。菜籽油在人体内的脂肪消化率高达99%，血脂高、较肥胖的老年人可以通过吃菜籽油达到降脂减肥的功效。

（2）菜籽油还具有清热解毒消炎的作用。因为菜籽油能行肝理气、凉血入肺平肝，可以有效促进人体眼部皮肤和红细胞的正常生长。

（3）菜籽油还有保护视力的食疗功效。在饮食中多吃一些菜籽油对我们预防青光眼也有很大的帮助。

（4）菜籽油可以清肝利胆。所以对于一些肝胆系统功能不太好的老年人，比如一些已经患上慢性乙型肝炎、脂肪肝、胆结石、慢性胆囊炎的老年人，用菜籽油炒菜是一个不错的选择。

（二）食用菜籽油的弊

（1）由于菜籽油当中的亚芥酸盐的含量相对较高，代谢较慢，且对油脂中的盐具有一定的吸收积累性，长期食用对人体的心血管有害，高血压、冠心病的早期患者应当特别注意不要多吃。

（2）菜籽油食用不当可能会导致腹泻加重或损伤心肌，所以急性胃肠炎、腹泻、泻痢等疾病的患者食用菜籽油可能会导致病情加重。

菜籽油的食用方法和存放原则

（一）如何正确食用菜籽油

（1）菜籽油用来炒菜效果较好，因为生的菜籽油有一股"青气味"，如果直接用于凉拌菜的话，其口感不太好，所以最好是将生的菜籽油用中小火烧热，再放凉一段时间后淋在凉菜上，口味会好一点。

（2）放置太久的菜籽油切忌食用。因为菜籽油也是有保质期的，食用一些过期的菜籽油可能会对人体的肠胃系统产生严重危害。

（3）与其他食用油共同使用。菜籽油中因为缺少了亚油酸等一些人体所必需的饱和脂肪酸，所以如果人长期只食用菜籽油会造成身体营养不平衡，因此在煮菜时最好将菜籽油与其他的食用油混合使用，平衡营养，效果会更好。

（4）反复高温加热过的菜籽油不可食用。因为菜籽油经过多次高温加热后，其主要化学营养成分结构已发生变化，并且极有可能会分解产生一定的有害化学物质。

（二）去除异味方法

（1）黄豆除味法：在将适量菜籽油使用大火高温烧热后，在炒锅中放入十几颗黄豆，等黄豆被炸成金黄色至焦糊状后立即捞出，异味便没有了。

（2）食物吸附法：在炒锅中放入适量菜籽油并在大火加热烧沸时，放入米饭或者馒头，炸焦成金黄色后立即捞出，同样能够有效去除异味。

（3）花椒压榨法：当菜籽油慢慢烧热煮开时，放入几粒花椒、茴香、葱段、蒜瓣，炸焦之后即刻捞出，紧接着放入 1~2 片新鲜的青菜叶，使其微微有点冒烟后捞出，异味就去除了。

（三）存放原则

存放菜籽油的五个原则：密封、避光、低温、避免接触金属容器、忌水。如果购买的是大桶油，则可按一周的食用量倒入控油壶中，然后将大桶油密封好，放在阴凉避光处保存；如果选择的是小瓶分装食用，则必须选择洁净且干燥的棕色玻璃瓶，存放时注意避开阳光和高温区域。此外，新旧油不要混放，装油的小瓶需定期清洗。

（图：李冠羽）

107

如何进行果蔬肉脯加工？

什么是果蔬肉脯及为什么要加工果蔬肉脯？

肉脯具有悠久的历史，由于携带方便、味香、色美、口感好，为佐酒、休闲之佳品等优点，深受消费者的喜爱。传统肉脯在工艺、口感以及营养等方面存在某些不足，如传统肉脯高脂肪、低膳食纤维，甚至曾经是"肥胖"的代名词，这让减肥人士以及高血压患者对其望而却步。果蔬富含多种营养成分，是人体补充维生素和矿物质的重要来源。同时，果蔬中丰富的膳食纤维被誉为第七大营养素，能维持正常的肠道功能，可控制体重从而益于减肥，可降低血糖和血胆固醇，有预防结肠癌的作用。新型果蔬肉脯将水果、蔬菜与传统肉脯相结合，意在改变传统肉脯高脂肪、低膳食

纤维的不足。制成后的果蔬肉脯不仅满足现代人追求健康的潮流，又增添了肉脯的营养价值和功能性，改善了外观形态及色泽，呈现出更美味的口感。

如何进行果蔬肉脯的加工？

（一）原料

猪精肉、白糖、盐、五香粉、胡萝卜、鸡蛋、香油、料酒、白酒、果蔬粒（根据需要选择相应的果蔬）、大豆粉、淀粉等。

（二）加工器具

冰箱、电热恒温烘干箱、电子分析天平、高压灭菌锅等。

（三）方法

1. 工艺流程

原料选择、预处理、绞碎、调味腌制、搅拌、预冻、抹片、烘干、焙烤、压片、切片、包装、成品。

2. 操作要点

（1）原料选择：要选用经检疫合格的新鲜或解冻猪腿瘦肉、新鲜的果蔬。

（2）预处理：①猪肉：猪腿瘦肉，要求去除碎骨、软骨、筋膜、脂肪膜、淋巴等物质，肥瘦搭配，肥瘦比在1∶5左右，分割成小块，肥瘦均匀混合冷藏；②果蔬：胡萝卜洗净榨汁、玉米粒；③鸡蛋：只取鸡蛋清。

（3）搅碎：将混合肉放入绞肉机中绞成肉泥，绞肉过程中应保持肉温低于10℃。

（4）调味腌制：腌制目的一是为了更好地入味，二是让肉中的盐溶性蛋白析出，有助于抹片时使肉片间相连。在腌制中加糖，因其具有助色的作用及吸收氧防止脱色，使发色效果更佳。糖和含硫氨基酸之间发生反应，赋予产品特有的风味和颜色。猪肉糜的肌纤维被切断，腌制剂渗透快。腌制时间对色泽影响不大，但腌制时间的长短影响口感，如果腌制时间不够，肌动球蛋白转变不充分，加热后无法形成网状凝聚体，导致产品口感粗糙，缺乏弹性和柔性。最佳腌制时间为 24 小时。

（5）搅拌、预冻：搅拌至肉泥发粘，在 –18℃ 下冷冻 24 小时。

（6）抹片：将腌制好的肉泥在烤盘中抹成 5 毫米厚的薄层，要求表面平整光滑。

（7）烘干：烘干的目的主要是促进发色和脱水熟化。将铺平在烤盘上的肉泥放入干燥箱中，采用高温转低温式烘烤方法——先用 85℃ 烘烤 25 分钟，再用 65℃ ~68℃ 烘烤 100 分钟，烘干至肉脯的半成品含水量在 30% 左右，撒入已经准备好的果蔬。

（8）焙烤：焙烤是将半成品在高温下进一步熟化并使之质地柔软，产生良好的烧烤味和油润的外观。焙烤时可将半成品放在烘炉的转动铁网上，烘炉的温度在 200℃ 左右，时间 8 ~10 分钟，以烤熟为准。

（9）压片、切片：烘干后的肉片用切形机或手工切形，一般可切成 6 ~8 厘米的正方形或其他形状的肉脯。

（10）冷却、包装和储藏：烤熟切片后的肉脯在冷却后迅速包装，包装可用真空包装或充氮气包装，外加硬纸壳按所需规格外包装。也可用马口铁罐大包装或小包装。塑料包装的成品宜储藏在通风干燥的库房中，保存期为大致 6 个月。

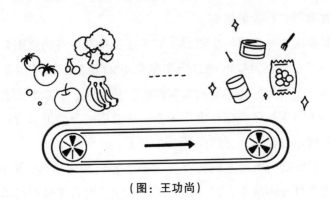

（图：王功尚）

108

该怎样放心选择和食用皮蛋？

皮蛋是什么？

皮蛋，又称松花蛋、变蛋等，是我们国家一种传统风味蛋加工美食，受到很多人的喜爱，经常出现在各家各户的日常菜肴中。

在农村，传统皮蛋是以鸭蛋为原料，用生石灰、草木灰、茶叶、食用碱等"和稀泥"包裹，经过密封储存"发酵"一段时间后制成的。外观通常是黝黑光亮，并附带着些许美丽的"松花"，有着"鲜滑爽口"的独特风味，深受很多人的喜爱。

吃皮蛋对身体健康有害处吗？

皮蛋在我国是很受欢迎的，但是对于皮蛋安全问题，也一直饱受争议。大家主要的争议点是，皮蛋含重金属铅，有诱发癌症的危险，食用过量对人体健康会有很大的损害。

关于此争议有一定的科学依据。如果回到我们爷爷奶奶那辈来说，并不存在这一问题，原因很简单，当年他们吃的皮蛋，都是用草木灰、茶叶、食用碱、生石灰这几样辅料来制作的。从原料上就看不出有含铅的成分，除非鸭子的生长环境存在大量的铅，从而造成产的蛋里含有铅，不过这就和皮蛋制作过程本身含铅没什么关系了。

但是，现在我们市面上确实存在很多含铅成分的皮蛋，吃进人体内，积累多了便会对身体健康有害。原因是什么呢？因为皮蛋市场需求大，而皮蛋的生产发酵周期时间长、效率低，皮蛋产量有限。于是，很多商家们就想方设法，将各种各样的原料加入或者替换到皮蛋制作流程中去，以加快皮蛋制作的速度和提高皮蛋外观品质。其中就包括"黄丹粉"，它的作用是堵塞蛋壳上的气孔，防止过量的碱渗入，导致成品的蛋清变稀，使成品蛋清不粘壳，卖相更好，但是黄丹粉的主要成分是氧化铅，其中的铅含量很高，从而造成了很多以此制造的皮蛋都存在铅含量大量超标的情况。

即使现在市面上有了"无铅皮蛋"的工艺，改用了其他无铅原料替代了黄丹粉，但依然可能存在其他重金属含量超标的情况。因为很多皮蛋称为"无铅皮蛋"，其实也只是含铅量非常的低，在人体能接受的含铅量安全范围内，但是如果过多地食用，其数量积累起来，依然会对人体造成不小的危害，所以市面上的无铅皮蛋，虽然属于食品安全范围内，但依然建议适量食用。

该怎样放心地选择和食用皮蛋？

虽然现在市面上的皮蛋大部分是可安全食用的，但皮蛋的选择问题依然需要大家的重视，下面提供的一些皮蛋选取建议。

关注皮蛋的铅含量，规定铅含量不大于0.5毫克/千克，符合这一标准的皮蛋可以称作"无铅皮蛋"。"无铅工艺"的强制使用已经将皮蛋的安全提高到了一个新的高度，但仍存在一些小作坊或者农村偏远地区还在采用带铅工艺的制作方式来生产售卖皮蛋。鉴于此，大家在购买皮蛋时，也要留意皮蛋的生产厂商，一般通过正规渠道购买的皮蛋都是符合安全标准的。另外我们选择皮蛋时要注意其外观，一般含有较多黑点的可能是铅、铜含量超标。

源头确定安全后，为了我们的食品安全，还应该关注一定时间内食用皮蛋的量。对成年人来说，一星期吃一次是没有什么问题的，但儿童和孕妇应尽量不要食用皮蛋，其中的铅等重金属虽然含量少，但是重金属对于婴儿的生长发育仍有很大的影响，还有肝肾功能疾病者也不宜食用皮蛋。

另外我们在食用时应该与姜末和醋搭配，这两样食材能中和皮蛋中的有毒物质，以达到解毒效果，让皮蛋吃起来更加地放心美味。

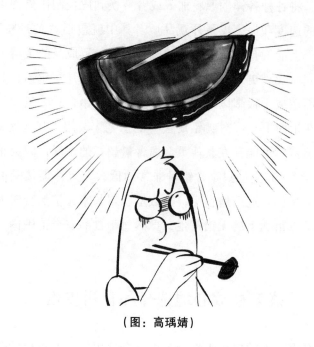

（图：高瑀婧）

后　记

　　食品安全直接关系广大人民群众身体健康和生命安全，关系国民幸福和民族未来，关系经济发展和社会稳定大局。当前以"放心"冠名的食品屡见不鲜，这说明食品安全问题已成为社会各界普遍关心、关注的热点、难点和焦点问题，也成为国家治理中的一道难题。本人主要从事党政人才培养战略与政策、政府治理体系与治理能力、粮食安全战略与政策研究。主持完成了国家社科基金项目、教育部重大项目、全国教育科学规划教育部重点项目、中国博士后科学基金面上资助项目、教育部青年基金项目等20多项研究课题，在人民出版社、科学出版社、经济科学出版社等出版专著、教材多部，在《中国行政管理》等期刊发表学术论文100多篇，科研成果获得各级各类奖励30多项。本人提出的建言献策报告获得省委常委肯定性批示，多项科研成果被政府部门、企事业单位采纳应用，产生了良好的社会影响，被中央电视台（CCTV17）、湘潭电视台等媒体拍摄报道。

　　2021年8月，教育部要求各高校必须开设安全教育领域的素质教育课程。为了落实教育部的要求，我们学校开设了"舌尖上的安全"这门全校公选的素质教育课程，由我担任主讲教师。我一直想编写一部教材，尤其是我曾参加由教育部学位与研究生教育发展中心、全国公共管理硕士专业学位教育指导委员会共同主办的"首届全国优秀公共管理教学案例大赛"，为学校夺得全国第一名的成绩，更是坚定了我编写这部教材的信心和决心。

　　该成果有幸付梓，我要衷心感谢学校和学院的大力支持！衷心感谢编写组成员的不懈努力与精诚合作！特别感谢艺术学院动画系2019级设计工作室的房德松、熊绮遥、杨子铭、刘如如、王乙卜、常小雨、谭仁豪、张凤仪、贺婷婷、李冠羽、董天意、马晓旭、王功尚、张莹、胡煦颖、孟子一、孙子荣、高瑀婧等 18 位学员帮忙绘制了插图！

饮水思源知厚重，投桃报李感恩情。长期以来，我在教学、科研工作中得到了更多领导、师长、同事和朋友们的悉心指导、帮助、关心、关爱和关怀，谨在此致以最真诚的感谢！

我为自己工作、学习、生活在湘潭大学公共管理学院这个众志成城的学术团队中深感自豪和温暖，特在此致以最诚挚的谢意！

在本书的编写中，我们吸取和借鉴了国内外众多专家、学者的相关研究成果，谨向这些专家、学者致以衷心的感谢！在本书的编辑出版过程中，经济科学出版社的李雪、袁溦编辑付出了辛勤的劳动、无数的心血和汗水，让我们非常感动，特在此表示衷心的感谢！

由于学识水平有限，实践经验不足，书中肯定存在不妥之处，恳请专家同仁们批评指正。

肖湘雄

2022 年 5 月